Documents relatifs à la corrélation entre le développement physique et la capacité intellectuelle

PAR

Le Dr Th. SIMON
INTERNE DES ASILES DE LA SEINE

PARIS
GEORGES CARRÉ ET C. NAUD, ÉDITEURS
3, RUE RACINE, 3

1900

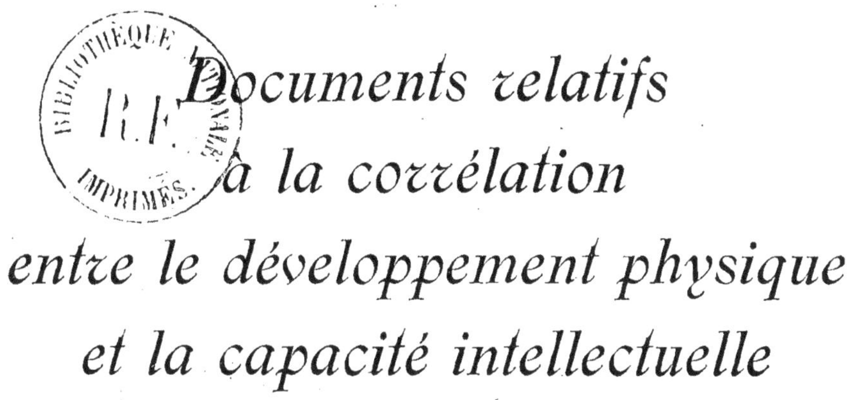

Documents relatifs à la corrélation entre le développement physique et la capacité intellectuelle

PAR

Le Dr Th. SIMON
INTERNE DES ASILES DE LA SEINE

PARIS
GEORGES CARRÉ ET C. NAUD, ÉDITEURS
3, RUE RACINE, 3

1900

*A la première page de ce travail, qui marque la dernière étape de mes études médicales, je tiens à écrire tout d'abord le nom de M. le P*r *JOFFROY, et à lui exprimer ma profonde gratitude. A deux reprises, en un temps très court, il vient de me donner de précieux témoignages de sa bienveillance. Il a en effet accepté de présider l'assemblée de professeurs éminents dont le jugement doit décider de toute ma carrière; et, en consentant à me choisir comme interne dans son service de Sainte-Anne pour l'année* 1901, *il m'a mis à même de profiter directement de sa science de clinicien et de poursuivre, sous sa direction savante, des études commencées il y a déjà près de huit années.*

En remontant par la pensée le cours de ces années de travail, je trouve dans mes souvenirs d'autres noms bien connus de tous, noms de maîtres savants et dévoués que j'ai assistés en qualité de stagiaire ou d'externe dans leurs différents services : ce sont MM. DUBIEF *et* CHARRIN, *MM.* LE BRETON *et* MOIZARD, *médecins de l'hôpital des Enfants-Malades; M.* MONOD, *chirurgien de l'hôpital Saint-Antoine, dont la paternelle bienveillance est si connue de tous ceux qui ont eu la bonne fortune de l'approcher; M.* BROCQ, *médecin de l'hôpital de La Rochefoucauld; M.* MAYGRIER, *médecin-accoucheur de Lariboisière. C'est à leurs exemples et à leurs leçons que je suis redevable de toute mon instruction médicale.*

Je dois enfin un souvenir tout particulièrement reconnaissant et respectueusement affectueux à M. BLIN, *médecin de la Colonie de Vaucluse, dans le service duquel je suis interne depuis deux ans; il a bien voulu m'associer étroitement à ses travaux dans une collaboration incessante, à laquelle il sait imprimer un caractère de cordialité qui en double le prix*

A ces études M. BINET *m'a permis de donner un aliment nouveau et une direction pleine d'intérêt; et je considère comme un devoir de dire ici combien j'ai été touché de l'accueil qu'il a bien voulu me faire à son laboratoire de psychologie physiologique de la Sorbonne et de l'hospitalité si large qu'il m'a accordée dans l'*Année psychologique.

Je dois des remerciements aussi à M. le Dr RICARD, *qui, en mémoire de très anciennes relations de famille, m'a prêté, dès le début de mes études médicales, l'appui de ses conseils et de son expérience.*

Mais je ne croirais pas être quitte encore, si je n'évoquais ici des souvenirs de famille particulièrement chers, et si je n'associais à ces affections précieuses tous ceux, vieux amis fidèles et camarades dévoués, auprès desquels j'ai vécu ma vie d'étudiant, pendant ces années fécondes, où l'esprit se forme, où l'activité se règle, où la volonté s'affermit, et où le bonheur parfois aussi s'élabore.

Th. S.

Ce qu'on entend par corrélation. — Existe-t-il une corrélation entre le développement physique et la capacité intellectuelle ? Opinions diverses. — Discussion. — L'étude d'enfants anormaux n'apprendrait-elle pas quelque chose à ce sujet ? — Ce que sont les enfants de Vaucluse. — Comment a été estimé leur développement physique.

« Depuis que l'on a commencé d'observer scientifiquement les êtres vivants, on a remarqué que chaque partie de l'organisme devient de plus en plus dépendante des autres à mesure que les êtres sont plus compliqués ; toutes les parties d'un même individu ont les unes avec les autres les relations les plus étroites, et l'on a progressivement reconnu que c'est de ce concours harmonique que résulte le jeu normal de la vie (1) ». « Tout se tient dans l'être vivant ; il n'est point d'organes dont la forme et le développement ne soit influencé par celui de toutes les autres parties du corps (2) ». « Chaque fonction s'enchaîne isolément à toutes les autres (3) ». Mais si cette interdépendance des parties les unes par rapport aux autres, apparaît quelquefois nettement né-

---

(1) Gley. *Année biologique*. 1895, p. 313.

(2) Yves Delage et Poirault. *Année biologique*. 1891, p. 265.

(3) X. Bichat. Recherches physiologiques sur la vie et la mort, Paris, 1805.

cessitée par des relations physiologiques de cause à effet, — « sans sécrétion, point de digestion (1) » — il peut se faire également qu'une dépendance soit constatée entre deux ordres de phénomènes sans qu'on en découvre la relation lointaine et sans qu'elle apparaisse même « comme un fait de conséquence logique (2) » telle, par exemple, chez les chiens, la coexistence, si célèbre depuis Buffon, de la surdité et de la couleur bleue des yeux. C'est dans des cas de ce dernier genre qu'il y a proprement corrélation ; et l'on nomme corrélatifs les faits ainsi concomitants sans qu'on en voie le lien réciproque.

Y a-t-il de même une corrélation entre le développement physique d'un sujet et sa capacité intellectuelle ? « La connaissance, de jour en jour plus précise, des actions nerveuses a montré quels liens serrés de dépendance réciproque existent entre toutes les parties de ce système (3) ». La section d'un nerf est suivie de paralysie et de troubles trophiques. Existe-t-il de même des variations corrélatives des caractères somatiques, et, plus particulièrement, de la fonction de croissance de l'organisme, et du développement mental de l'individu ?

Les recherches entreprises déjà dans cette voie sont peu nombreuses, mais elles ne laissent pas pour cela d'être contradictoires :

Galton et Venne concluent de leurs travaux que le

---

(1) Bichat. *Loc. cit.*
(2) Yves Delage et G. Poirault. *Année biologique.* 1896, p. 265.
(3) Gley. *Année biologique*, 1895, p. 313.

développement physique des jeunes gens est indépendant de leur intelligence ;

Mais Porter, d'autre part, estime que le développement physique est d'autant plus grand que les enfants sont mieux doués intellectuellement ;

Enfin, West (1), au contraire, au cours d'études poursuivies en Amérique sur des enfants des écoles, trouve que les plus intelligents d'entre eux, les bons élèves, sont moins développés physiquement que ceux désignés par les maîtres comme étant médiocres ou mauvais.

Ainsi donc, selon Galton, pas de corrélation entre ces deux ordres de faits ; selon Porter, un rapport direct ; selon West une sorte de balancement, dans le sens que donnait à ce mot Geoffroy Saint-Hilaire, entre les phénomènes organiques et mentaux, dû selon lui à ce que les bons élèves travaillent plus de tête et moins de corps, et tel qu'en somme la capacité intellectuelle se trouve par suite en raison inverse du développement physique.

Or la plupart de ces recherches concernent des enfants normaux, pour lesquels, par suite, les groupements déterminés par leur valeur intellectuelle sont plus ou moins artificiels et sans relation exacte avec l'intelligence des sujets ; mais surtout, les différences entre eux doivent être trop faibles, et les limites de chaque groupe rendues trop vagues par le grand nombre de cas de transition

---

(1) G. M. West. Observations on the relation of physical development to intellectuel ability made on the school chilchen of Toronta Canada. *Science*, IV, 156. Analysé in *Année biologique*, 1896, p. 277.

qui s'étendent graduellement de l'un à l'autre, pour que nos procédés d'estimation encore grossiers du développement physique d'un individu puissent marquer, si elle existe, une progression aussi lente.

Il m'a semblé au contraire qu'en choisissant à l'opposé une classe d'enfants nettement distincte, comme sont ceux dont l'état mental nécessite un internement, leur comparaison à des enfants normaux devait être particulièrement fructueuse pour la question en suspens. Et sans doute on rencontre au dehors des débiles vivant de la vie de tout le monde, mais leur petit nombre est vraisemblablement noyé dans la foule des autres quand on envisage des moyennes, et par suite, insuffisant pour empêcher d'apparaître les résultats à chercher en dressant en face des mesures de ceux-là qui sont incapables de la vie normale, les valeurs correspondantes ordinaires.

Quelques faits épars çà et là dans la littérature médicale étaient d'ailleurs encourageants, mais je ne connais cependant, en dehors des observations isolées de malades, qu'un travail d'ensemble sur ce sujet, la « Contributo allo studio sperimentale delle degenerazioni fisiche et morali dell' uomo per i dottori Enrico Morselli et Augusto Tamburini », parue dans la *Rivista sperimentale di Freniatria e Medicina legale*, de 1875 à 1877 ; et encore l'étude ne porte-t-elle que sur 12 idiots.

Appelé à remplir les fonctions d'interne en médecine à la colonie de Vaucluse, où sont hospitalisés des enfants arriérés et idiots du département de la Seine, je me suis donc proposé d'étudier leur développement physique.

Quelques mots sur les conditions d'admission à la colonie donneront une idée générale suffisante de ce que sont ces enfants. Il y a deux modes de placement, désignés par les expressions de placement volontaire et placement d'office. Les placements volontaires sont faits à la requête de la famille de l'enfant et nécessitent deux pièces : 1° une demande légalisée du père ou du tuteur ; 2° un certificat médical également légalisé, et concluant à la nécessité d'un traitement dans un établissement spécial. Les placements d'office ont lieu sur réquisition de commissaires de police qui ont eu à intervenir pour désordre public causé par un enfant en raison d'un état mental ou moral, sur lequel le médecin de l'infirmerie spéciale du dépôt est immédiatement appelé à statuer. De l'infirmerie du dépôt les enfants sont ensuite envoyés à l'asile clinique de Sainte-Anne, et là, on les répartit enfin entre les hospices de Bicêtre et de Vaucluse, cette dernière colonie recevant plus spécialement ceux qui paraissent aptes à être employés aux travaux des champs. — Ainsi recrutée, la population comprend essentiellement au point de vue mental deux classes particulièrement distinctes d'enfants :

1° Ceux qui présentent des troubles délirants comparables à ceux de l'adulte : mélancolie, persécution, etc.;

2° Ceux, beaucoup plus nombreux, qui sont atteints de débilité intellectuelle ou morale et peuvent ainsi présenter tous les degrés depuis la dégénérescence mentale jusqu'à l'imbécillité ou même l'idiotie.

En somme, ces enfants ne constituent donc pas un groupe absolument autonome, mais du moins ils s'élojgnent et se différencient assez du type qu'on est habitué à considérer comme normal pour pouvoir lui être opposé.

Pour me rendre compte de leur développement physique, j'ai pris sur chacun d'eux la série des mensurations suivantes :

La taille ;

Le poids ;

Le périmètre thoracique ;

L'envergure ;

La largeur d'épaules ;

Et la circonférence maxima de la tête.

Ce sont essentiellement ces résultats de recherches personnelles qui constitueront la matière de cette thèse. Le sujet considéré dans son ensemble est trop vaste : ne faudrait-il pas d'ailleurs déterminer d'abord quels sont les éléments caractéristiques du développement physique et nous n'avons aucun guide pour en dresser la hiérarchie? Est-ce que les fonctions de défense de l'organisme ne devraient pas entrer en ligne de compte dans une estimation de sa valeur ? Et que faut-il *a fortiori* entendre exactement par capacité intellectuelle ? Faut-il ne considérer que la quantité des notions qui meublent l'esprit ou leur nature aussi et leurs liens ?... Et trop restreints d'autre part sont dans les auteurs les documents relatifs à cette question pour que je puisse espérer aujourd'hui la traiter à fond. Aussi me réserverai-je d'y revenir dans un travail ultérieur, et, pour le moment, je me bornerai seulement à l'apport des documents que j'ai pu réunir, en m'efforçant ensuite d'en dégager l'interprétation.

Méthode suivie pour prendre les mensurations.

Les mensurations ont concerné 223 enfants pour lesquels la taille, le périmètre thoracique, la largeur d'épaules et les mesures de tête ont été prises du 21 février au 21 mars ; le poids du 1er au 5 mai, et l'envergure du 20 au 26 mai 1899. — Puis, parmi ceux-ci, 176 ont été l'objet d'un nouvel examen autour du 15 mars 1900, et j'ai mesuré alors, à peu près par conséquent un an après les premières mensurations, leur taille et leur poids.

D'une manière générale ces mesures ont été prises de la façon suivante : les enfants étaient introduits de 5 à 10 à la fois dans une salle, dans l'ordre où ils se présentaient et sans groupement préalable particulier. On faisait se préparer la série d'enfants introduite et le premier prêt s'avançait. Le plus souvent plusieurs mensurations étaient faites successivement sur le même sujet. Au fur et à mesure que les chiffres étaient observés, ils étaient dictés au surveillant et leur inscription surveillée du regard. La tâche du surveillant (sauf une vingtaine de pesées parmi celles faites en 1900) a toujours été bornée d'ailleurs à ce rôle de secrétaire ; j'ai pris toutes les mesures moi-même, ce qui était indispensable pour qu'elles le fussent toutes de la même façon.

1° **Taille.** — C'est une toise ordinaire qui a servi à mesurer la taille. On faisait quitter à l'enfant souliers et chaussettes. La veste a toujours aussi été enlevée. Le gilet et la chemise étaient quelquefois conservés. J'ai éliminé les quelques teigneux parce que je ne voulais pas leur faire quitter leur bonnet de coton et mettre la toise directement en contact avec le cuir chevelu. Sans insister sur la manière de procéder: le sujet joignant les talons et les amenant au contact du pied de la partie verticale de l'instrument, les bras pendant naturellement, le corps et la tête droits,... il faut peut-être signaler le défaut de ne pas avoir appliqué la toise sur une surface large où les deux épaules puissent s'appuyer d'aplomb. Il aurait aussi fallu sans doute tenir compte de la voûte du dos, parfois assez accentuée chez ces enfants à cause des attitudes vicieuses auxquelles ils s'abandonnent. Quoi qu'il en soit, l'équerre horizontale était ensuite descendue jusqu'au contact du cuir chevelu. La toise mesure ainsi la taille à 1 millimètre près, et j'ai dicté les chiffres qu'elle indique. Ce n'est pas cependant qu'on puisse arriver réellement à une évaluation aussi exacte. La taille n'est que la hauteur au-dessus du sol ou de la plante des pieds du point le plus élevé du corps en station verticale. Or celle-ci est le fait des muscles extenseurs dont la tonicité maintient plus ou moins rigides ou demi-fléchies les articulations des membres et du tronc, les genoux plus ou moins tendus, la colonne vertébrale plus ou moins tassée. La taille donnée par la toise n'est pas celle de la vie courante, si l'on peut dire, mais celle d'une attitude transitoire, fonction jusqu'à un certain point de l'amour-propre de l'enfant dont le souci est de se grandir et ainsi en quelque sorte une mesure maxima. Les résultats étaient dictés à haute voix et les sujets s'y intéressaient.

Un très petit nombre d'enfants ont en outre été mesurés couchés. La taille est ainsi trouvée plus longue que dans la station verticale de un centimètre à peu près. Mais sans doute les résultats seraient très variables selon les sujets. Les mêmes enfants mesurés de nouveau debout à cette occasion ne nous ont offert avec les mesures précédemment prises qu'un écart moyen de 2 millimètres. Une vingtaine d'enfants enfin mesurés le 5 avril par M. Binet ont présenté un écart un peu plus fort de 8 millimètres. Il peut y avoir là précisément quelqu'une de ces variations individuelles qui dépendent des habitudes de chaque opérateur. Mais encore convient-il de remarquer cependant que cet écart n'est guère plus grand que l'approximation de 7 millimètres indiquée par M. Bertillon (1) comme théoriquement exigible pour cette mesure. Il semble donc bien que nos chiffres aient une exactitude suffisante.

2° **Poids.** — Pour peser les enfants, je me suis servi d'une bascule. Je leur faisais quitter veste et souliers ; quelquefois aussi le gilet et les chaussettes ont été enlevés ; ils ont toujours gardé le pantalon et la chemise. Les chiffres indiqués sont des kilogrammes.

3° **Périmètre thoracique.** — L'enfant était debout, les bras le long du corps. Le ruban métrique était appliqué sur la peau nue. Je le faisais passer au-dessous des seins. Il était maintenu de telle sorte qu'il pût suivre le mouvement de la première dilatation du thorax après sa mise en place, et mesurait par conséquent le tour de la poi-

(1) Alphonse Bertillon. Instructions signalétiques. 1893.

trine à la fin d'une inspiration ordinaire. Le périmètre thoracique n'est indiqué qu'à 5 millimètres près. La plus ou moins grande constriction des parties molles par le ruban est du reste susceptible par elle seule de donner des écarts plus considérables.

4° **Envergure.** — « L'envergure est la plus grande longueur que puissent atteindre les bras étendus horizontalement en croix. » Je n'avais pas donné cette définition aux enfants, mais ils s'efforçaient de la justifier : c'est certainement la mesure qui les amusait le plus et pour laquelle ils aspiraient aux plus gros chiffres. Elle a été prise par la méthode ordinaire, et sans approximation plus précise que le centimètre, comme c'est d'ailleurs l'habitude. Un papier quadrillé de millimètre en millimètre avait été fixé sur un pan de mur à 1 mètre exactement de l'encoignure correspondante de la salle ; l'enfant adossé étendait les bras, puis se déplaçait jusqu'à ce que l'extrémité de son médius vînt buter contre la paroi, déplacement qui évite toute torsion du buste ; placé en face de lui, je maintenais alors d'une main sa main dans cette position, veillant au contact, la face dorsale et le poignet collés au mur, m'assurais d'un coup d'œil de la direction correcte de ses deux membres, et appuyais son autre main sur le papier. Il aurait fallu cependant tenir compte également de certaines raideurs musculaires de l'épaule et sans doute aussi des angles variables que forment dans l'extension le bras et l'avant-bras.

5° **Largeur d'épaules.** — La largeur d'épaules a été prise au compas d'épaisseur. Les points de repère étaient le bord externe de chaque acromion, déterminé d'abord par la palpation ; puis les extrémités du compas y étaient appliquées et maintenues du doigt. Deux instruments ont été employés : *a*) un compas d'épaisseur à glissière pour la plupart des enfants qui avaient moins de, ou seulement, 30 centimètres de largeur d'épaules ; *b*) un compas ordinaire sans graduation, mais avec vis de serrage pour les enfants qui présentaient plus de 30 centimètres d'écartement entre les deux repères choisis ; dans ce dernier cas, les deux pointes étaient reportées sur la règle de la toise, et quelquefois ensuite, pour contrôle, replacées à leurs points de repère. L'enfant était debout, les bras le long du corps. Ici encore l'état des muscles qui laissent les épaules plus ou moins tombantes suffit à modifier la mesure, d'où la nécessité de surveiller la manière de se tenir du sujet. Je n'ai pas cru nécessaire, pour cette mesure non plus, à cause de cette variabilité, de rechercher une approximation plus grande que le demi-centimètre.

6° **Circonférence maxima de la tête.** — Pour mesurer la circonférence maxima de la tête, le ruban métrique était d'abord placé sur le front, immédiatement au-dessus des arcades orbitaires, puis descendu progressivement autour des parties latérales et postérieures jusqu'à ce que le tâtonnement ait permis de trouver le plan suivant lequel il contournait la tête à frottement, tandis qu'il ne le faisait au-dessus et au-dessous que de façon plus lâche. Tous les enfants de la colonie ont les cheveux coupés ras, ce qui facilite cette mesure et en même temps évite des causes d'erreur.

J'avais mesuré aussi la demi-circonférence antérieure, c'est-à-dire la portion de la circonférence maxima située en avant des trous auditifs, mais les limites en sont mal définies, la mesure est petite en sorte qu'une erreur même faible peut avoir une importance trop considérable, le ruban métrique n'est pas assez précis. Nous nous proposons, M. Blin et moi, de reprendre en détail ces études du crâne à l'aide d'un nouveau céphalomètre (1). Pour toutes ces raisons, trop de réserves à faire et espoir de mieux, je ne donne pas ici les chiffres que j'avais obtenus.

---

(1) Blin et Simon. Note sur un campylogramme crânien. *C. R. de l'Acad. des sciences*, décembre 1899.

I. — ENFANTS ANORMAUX

A. — CROISSANCE

L'âge très différent des sujets enlèverait toute signification à des moyennes générales de ces mesures (1).

Il fallait donc déterminer la valeur moyenne pour chaque année d'âge, de 8 à 23 ans, de la mesure considérée (voir le tableau suivant), sa variation moyenne, et les limites qu'elle permet d'attribuer à un groupe moyen ;

Les chiffres minimum et maximum observés avec l'écart entre eux deux ;

Enfin l'accroissement annuel.

Une diminution des mesures malgré l'âge ne pouvant être que le fait de l'insuffisance des séries d'enfants qui la présentent, il m'a semblé qu'il suffisait de considérer dans ces cas les moyennes des deux ou plusieurs groupes correspondants réunis.

Toutes les valeurs ainsi déterminées ont été figurées sur les graphiques qui suivent (graphiques nos 1, 2, 3, 4, 5, 6) ; chacun de ceux-ci a été établi de la manière suivante : dans les graphiques de la taille, du périmètre thoracique, de l'envergure, de la largeur d'épaules et de la circonférence maxima de la tête, les ordonnées correspondantes aux mesures de chaque âge élevées

(1) Les résultats individuels seront publiés dans la prochaine *Année psychologique*, 6e année, 1900. — De même, les tableaux complets des chiffres correspondants aux divers graphiques qui suivent.

sur la ligne horizontale à laquelle on les rapporte sont telles que 1 millimètre représente 1 centimètre de la mesure réelle. Dans les graphiques de la taille, le mètre qui est commun à tous les sujets n'est pas représenté.

VALEURS MOYENNES A CHAQUE AGE

AGE	TAILLE	POIDS	PÉRIMÈTRE THORACIQUE	ENVERGURE	ENVERGURE La taille correspondante étant égale à 100	LARGEUR D'ÉPAULES	CIRCONFÉRENCE MAXIMA de la tête
8	110,8	20	56,5	113	102	22,5	49,5
9	115,6	21	58,5	115	91	25	49,5
10	125,3	26,5	58,5	125	105	27,5	52
11		27	62,5	127		27,5	52
12	132,1	32	66	135	101,5	28,5	52,5
13	134,1	33	66	135		29	52,5
14	141,5	37,5	67,5	145	102,5	30,5	
15	146,7	42	72	149	101,5	32	53,5
16	152,7	48	74,5	157	103	33	53,5
17	155,7		76	161	103	34	
18		51	77,5		103	34	54
19			77,5				
20			78,5			35	54,5
21	159,1	53,5		162	102	35,5	55
22			81			35,5	
23	159,7			163	102	35,5	

Dans les graphiques des pesées 1 millimètre correspond à 1 kilogramme (1). Il y a 5 lignes par graphique :

La ligne du milieu unit les valeurs moyennes de la mesure considérée ;

La partie ombrée indique les limites de la variation moyenne et du groupe moyen qu'elle détermine ;

(1) Tous ces graphiques ont été ensuite réduits d'un quart.

Les deux lignes extrêmes unissent : l'une, les minima; l'autre, les maxima ; et figurent les écarts considérables qui peuvent exister pour une même mesure chez des sujets pourtant de même âge.

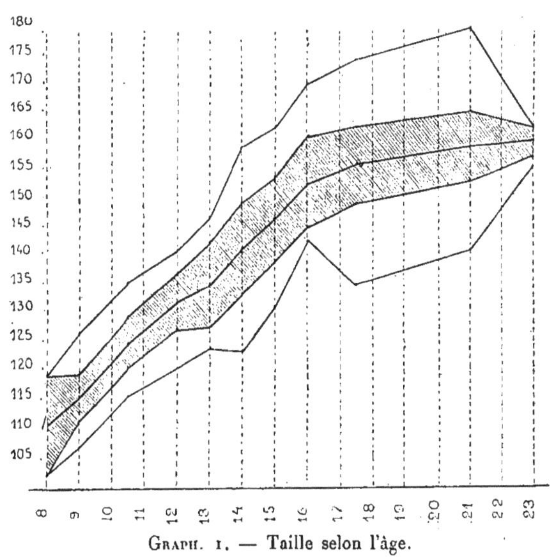

GRAPH. 1. — Taille selon l'âge.

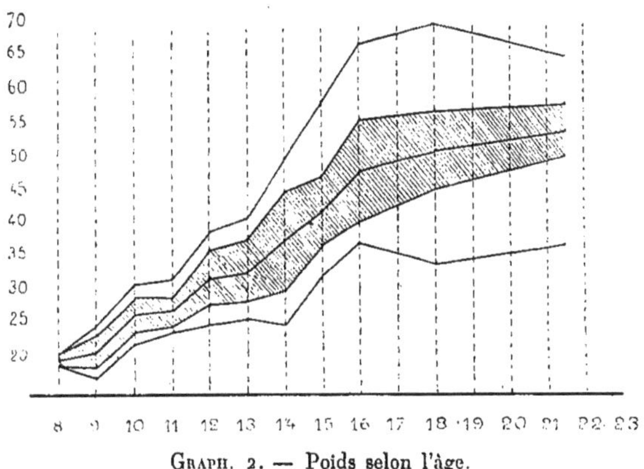

GRAPH. 2. — Poids selon l'âge.

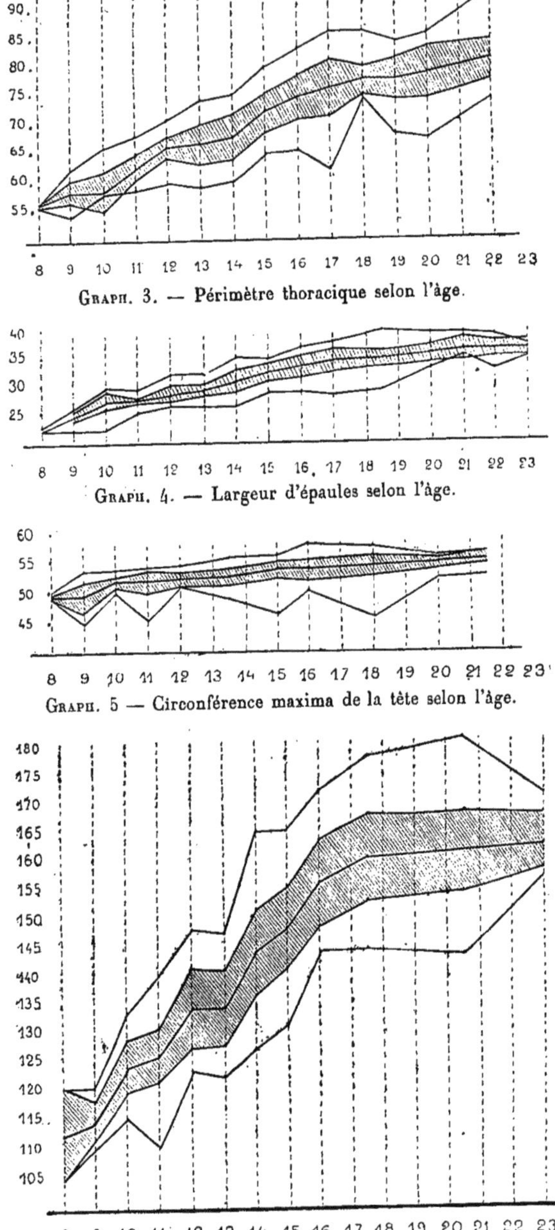

GRAPH. 3. — Périmètre thoracique selon l'âge.

GRAPH. 4. — Largeur d'épaules selon l'âge.

GRAPH. 5 — Circonférence maxima de la tête selon l'âge.

GRAPH. 6. — Envergure selon l'âge.

Les tracés précédents mettent en relief la marche irrégulière du développement physique. Une valeur moyenne des accroissements annuels pour la période de 15 années sur laquelle s'étendent nos observations ne donnerait donc qu'une approximation assez grossière de la croissance.

Il est d'ailleurs d'autre part assez facile de se rendre compte que les chiffres réels de ces gains de chaque année sont insuffisants pour en donner une représentation exacte. Soient par exemple deux sujets de 110 et 140 centimètres de taille à un âge donné, et présentant un an après des tailles respectives de 115 et 145 centimètres; l'accroissement annuel réel est pour tous deux de 5 centimètres; mais ce même gain est pourtant plus grand pour le premier que pour le second: 5 centimètres ajoutés à 110 centimètres représentent davantage, 1/22e, que s'ils s'ajoutent à 140, 1/28e : la vraie valeur du gain est sa valeur proportionnelle; les chiffres qui en expriment la valeur absolue ne seraient comparables que s'ils avaient pour origine des mesures initiales semblables. *A fortiori* quand il s'agit de mesures aussi différentes que par exemple la taille et la largeur d'épaules: un gain de 1 centimètre, qui n'est presque rien pour la première, est beaucoup pour la seconde; ou encore telles que la taille et le poids. Il m'a paru, au contraire, préférable que les chiffres représentatifs des accroissements annuels fussent directement comparables, aussi bien entre ceux d'une même mesure qu'entre les 6 dimensions prises; je les ai donc calculés d'après les chiffres réels, en donnant toujours à la mesure d'un âge donné, quelle qu'elle soit, dont il s'agissait d'estimer le gain à l'âge suivant, une valeur égale à 100. Des graphiques représentent les accroissements annuels ainsi déterminés (graphiques nos 7 et 8).

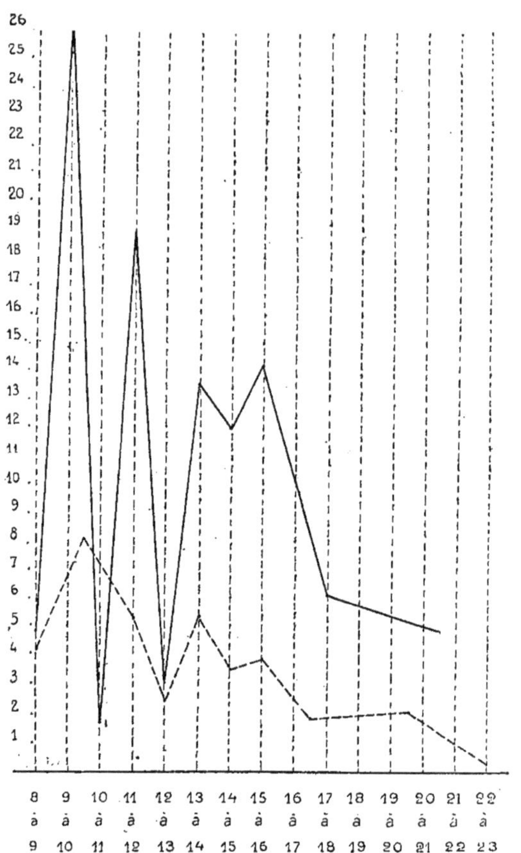

GRAPH. 7. — **Accroissements annuels de la taille et du poids.**

Par leur aspect général ils mettent d'abord curieusement en évidence combien le développement physique du corps, considérable les premières années de la vie, se ralentit ensuite rapidement. Ainsi que le remarque Minot, même pendant la période de croissance, le pouvoir

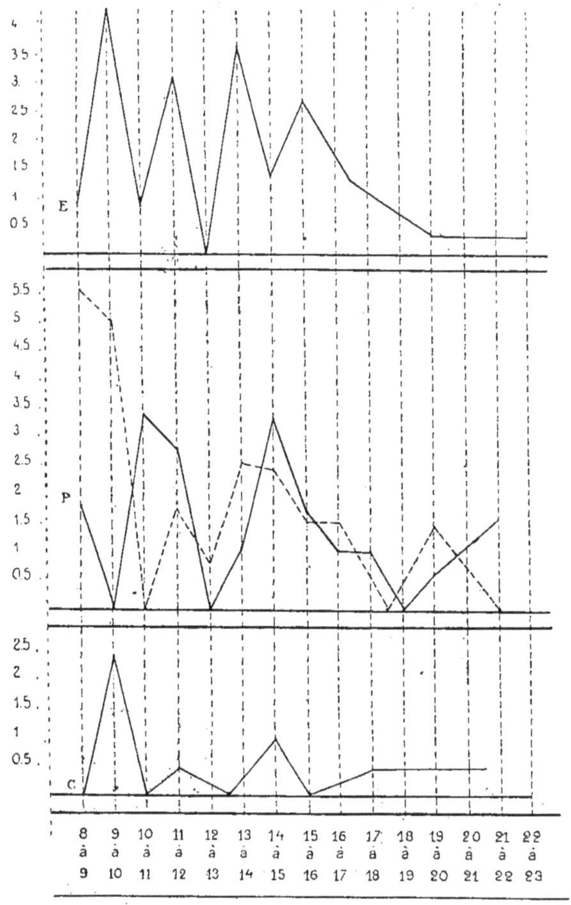

Graph. 8 — Accroissements annuels de l'envergure, de la largeur d'épaules, du périmètre thoracique et de la circonférence maxima de la tête.

d'accroissement de l'organisme va donc constamment en diminuant.

Ces graphiques en révèlent en outre un second caractère : les oscillations qu'il présente ; il n'a pas une variation régulièrement progressive ; trois périodes semblent particulièrement actives, de 8 à 10 ans, de 11 à 12 ans et de 13 à 16 ans ; ensuite le pouvoir d'accroissement persiste sans doute encore, mais épuisé et ne se relevant pour ainsi dire plus. Seulement ces irrégularités sont-elles réelles, existe-t-il des étapes de repos, ou bien sont-elles conditionnées seulement par le hasard des séries d'enfants qui ont fourni les moyennes ?

A cet égard, les secondes mensurations de la taille et du poids, faites sur les mêmes sujets à une année d'intervalle, apportent quelques renseignements supplémentaires.

AGE	NOMBRE D'ENFANTS	TAILLE MOYENNE (MENSURATION DE 1899)	TAILLE MOYENNE (MENSURATION DE 1900)	NOMBRE D'ENFANTS	NOMBRE D'ENFANTS	POIDS (MENSURATION DE 1899)	POIDS (MENSURATION DE 1900)	NOMBRE D'ENFANTS
8	2	110,8			2	20		
9	9	115,6	117,3	2	9	21	23	2
10	24	125,3	119,6	9	13	26,5	23,5	9
11			129,3	23	15	27	28,5	14
12	16	132,1			17	32	29,5	14
13	9	135,3	136,1	13	8	33	33,5	14
14	15	141,5	139,3	8	17	37,5	36	9
15	32	146,7	146,5	13	32	42	40	15
16	17	152,7	153,5	27	18	48	45,5	28
17 18	46	155,7	157,5	48	59	51		
19 20							51,5	32
21	33	159,1						
22			159	18	25	53,5		
23	3	159,7					51,5	3

Et tout d'abord ils sont étrangement confirmatifs des courbes de croissance que nous avions obtenues pour

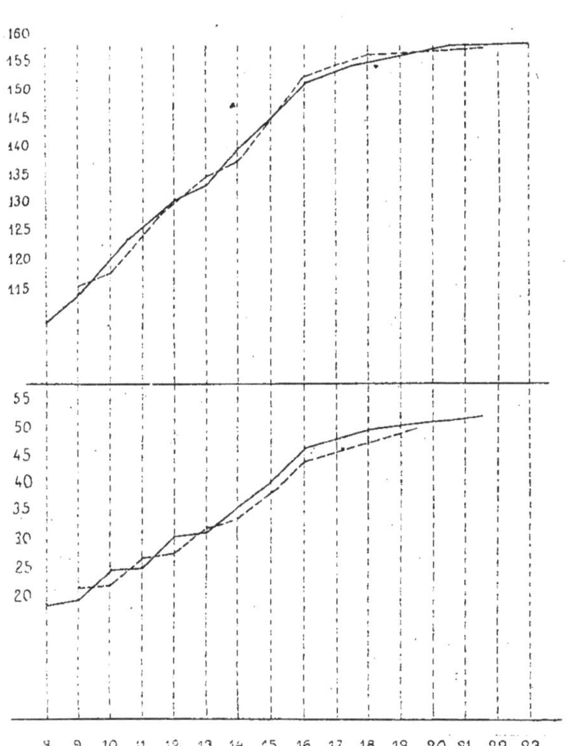

Graph. 9 et 10. — Tailles et poids selon l'âge des mêmes enfants à un an d'intervalle.

ces deux mesures. Ce sont les enfants de 8 ans de tout à l'heure qui en ont 9 maintenant et ainsi de suite. Eh bien, la taille et le poids moyens, de ceux qui à cette heure ont 15 ou 12 ou 20 ans, ont des valeurs presque semblables à celles des sujets précédents qui avaient également 15, 12 ou 20 ans. Pour la taille surtout les tracés se confondent presque sur toute leur longueur. Pour le poids les derniers chiffres restent un peu au-dessous de ceux de l'année antérieure ; peut être parce qu'ici l'intervalle entre les époques des deux mensurations n'est guère que de 10 mois, et de plus le mois d'avril qui manque pour compléter l'année est un de ceux où le poids est encore dans une période d'accroissement relativement actif (1). Mais, quoi qu'il en soit, la courbe est encore peu différente dans sa forme. — Sur les graphiques (9 et 10) le tracé plein unit les moyennes des mensurations faites en 1899, la ligne interrompue les moyennes des mensurations faites en 1900.

Les mêmes mensurations d'autre part permettent d'étudier d'une façon plus précise les accroissements annuels à chaque âge, parce qu'elles fournissent une série de valeurs individuelles et non plus seulement des valeurs moyennes de ces accroissements annuels. Aussi pouvons-nous calculer leur variation moyenne et leurs écarts (graphiques n°s 11 et 12).

---

(1) Malling Hansen, directeur de l'Institution des sourds-muets de Copenhague. Cité par Bonnier. *Dict. de physiol.* Article croissance.

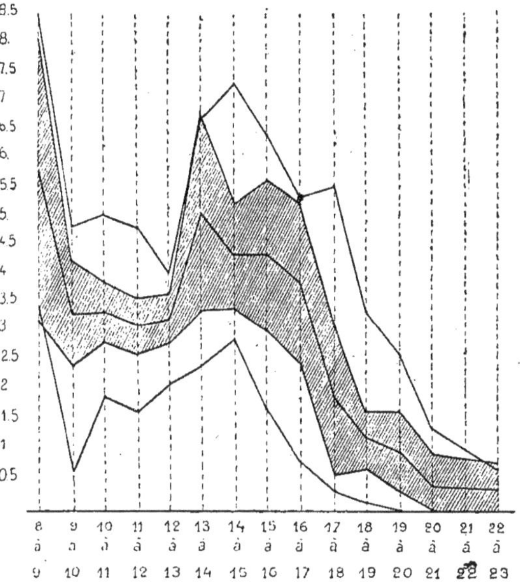

GRAPH. 11. — Accroissements annuels de la taille.

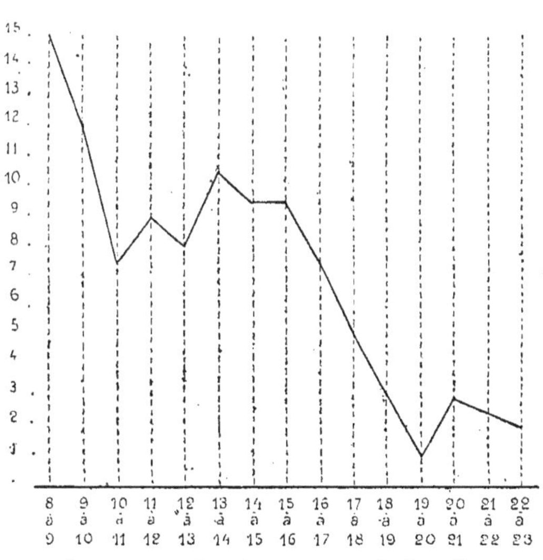

GRAPH. 12. — Accroissements annuels du poids.

TAILLE. — ACCROISSEMENTS ANNUELS

AGE	NOMBRE DE SUJETS	TAILLES MOYENNES d'un MÊME GROUPE D'ENFANTS en 1899 en 1900	ACCROISSEMENT ANNUEL RÉEL	ACCROISSEMENT ANNUEL La taille initiale faite à 100	VARIATION MOYENNE	LIMITES D'UN GROUPE MOYEN	ACCROISSEMENT ANNUEL MINIMUM	ACCROISSEMENT ANNUEL MAXIMUM	ÉCARTS
8 à 9	2	110,8 à 117,3	6,5	5,8	2,5	3,3 à 8,3	3,5	8,6	5,1
9 à 10	9	115,6 à 119,6	4	3,4	0,9	2,5 4,3	0,7	4,9	4,2
10 à 11	11	125,3 à 129,6	4,3	3,4	0,5	2,9 3,9	2	5,1	3,1
11 à 12	11	124,7 à 128,8	4,1	3,2	0,5	2,7 3,7	1,7	4,9	3,2
12 à 13	13	131,7 à 136,1	4,4	3,3	0,4	2,9 3,7	2,2	4,1	1,9
13 à 14	8	132,4 à 139,3	6,9	5,2	1,7	3,5 6,9	2,5	6,8	4,3
14 à 15	13	140,3 à 146,5	6,2	4,4	0,9	3,5 5,3	3	7,4	4,4
15 à 16	27	147 à 153,5	6,5	4,4	1,3	3,1 5,7	1,6	6,5	4,9
16 à 17	13	151,7 à 157,7	6	3,9	1,4	2,5 5,3	0,8	5,4	4,6
17 à 18	20	156,8 à 159,9	3,1	1,9	1,3	0,6 3,2	0,3	5,6	5,3
18 à 19	13	152,3 à 154,2	1,9	1,2	0,5	0,7 1,7	0,1	3,4	3,3
19 à 20	10	157 à 158,6	1,6	1	0,7	0,3 1,7	0	2,7	2,7
20 à 21	3	158,3 à 159	0,7	0,4	0,5	0 1	0	1,4	1,4
21 à 22	1	160,5 à 168,8	8,3	5,1					
22 à 23	3	155 à 156	0	0,4	0,4	0 à 0,8	0	0,7	0,7

POIDS. — ACCROISSEMENTS ANNUELS

AGE	NOMBRE D'ENFANTS	POIDS MOYEN d'un MÊME GROUPE D'ENFANTS		ACCROISSEMENT ANNUEL RÉEL	ACCROISSEMENT ANNUEL le poids initial fait = à 100
		en 1899	en 1900		
8 à 9	2	20	à 23	3	15
9 à 10	9	21	23,5	2,5	12
10 à 11	14	26,5	28,5	2	7,5
11 à 12	14	27	29,5	2,5	9
12 à 13	14	31	33,5	2,5	8
13 à 14	8	33	36,5	3,5	10,5
14 à 15	15	36,5	40	3,5	9,5
15 à 16	28	41,5	45,5	4	9,5
16 à 17	15	47	50,5	3,5	7,5
17 à 18	21	50,5	53	2,5	5
18 à 19	13	50	51,5	1,5	3
19 à 20	10	49,5	50	0,5	1
20 à 21	4	51,5	53	1,5	3
21 à 22	1				
22 à 23	3	50,5	51,5	1	2

On voit que ces tracés reproduisent à peu près ceux de tout à l'heure. L'ascension signalée de 11 à 12 ans ne s'y retrouve pourtant pas, aussi tendrais-je à penser qu'elle résulte de la nature des séries d'enfants examinés, et les périodes de la courbe sont maintenant plus régulières. Passé 8 ans, le pouvoir d'accroissement baisse brusquement et d'une manière considérable, puis il reste à peu près stationnaire de 9 à 13 ans ; subitement alors il s'élève, atteint un nouvel acmé, forme un plateau un peu incliné seulement jusque vers 17 ans, et de nouveau alors s'affaisse.

Mais quoique plus complètes ces données sont insuffisantes encore, car tel sujet, qui de 14 à 15 ans a un accroissement minimum, a peut-être de 16 à 17 une accélération compensatrice (ne serait-ce pas le cas du chiffre maximum trouvé pour Ma..., de 21 à 22 ans). Il faudrait donc que la croissance fût étudiée non plus seulement avec des moyennes de ce genre, mais par des mensurations patiemment poursuivies d'année en année sur les mêmes enfants ; on décélerait ainsi peut-être dans cette marche de l'accroissement de curieuses différences individuelles.

Enfin les différents graphiques d'accroissement donnés plus haut montrent encore que pour les diverses mesures envisagées ici, le pouvoir de croissance ne paraît pas toujours équivalent. Il est à peu près le même, et suit une marche à peu près parallèle, pour ce qui concerne la taille et l'envergure ; il est encore assez analogue pour ce qui est de la largeur d'épaules et du périmètre thoracique, sauf cependant que ce dernier présente une ascension qui lui est spéciale de 19 à 22 ans, probablement à cause de l'influence commençante de l'embonpoint (?). Mais surtout le pouvoir d'accroissement apparaît très différent de valeur, sinon de forme, pour le poids et la circonférence maxima de la tête, très supérieur pour le premier, très inférieur au contraire et plus égal pour la seconde.

J'indiquerai enfin ici, bien que sous réserve, mais parce que le fait serait intéressant s'il était confirmé, et parce qu'il me paraît concorder avec ce que nous savons déjà du développement du cerveau et du crâne, un résultat bien spécial que m'avaient donné les mensurations de la demi circonférence antérieure de la tête ; jusqu'à 16 ans la demi-circonférence antérieure de la tête est inférieure à la demi circonférence postérieure ; au delà de 16 ans au contraire elle lui devient au moins égale ou même supérieure. Je ferai surtout des réserves pour la précision de cet âge, mais il semble bien qu'il y ait en effet avec les années un développement proportionnel plus considérable de la partie antérieure du crâne, la tête des enfants vue selon la *norma verticalis* apparaissant plus triangulaire, avec sommet antérieur tronqué, que celle des adultes dont le diamètre transversal frontal s'est au contraire élargi.

B. — CORRÉLATION DES DIVERSES MESURES ENTRE ELLES

Les diverses parties du corps ne doivent pas seulement avoir un développement en rapport avec l'âge de celui-ci ; elles doivent également affecter entre elles certaines relations. Un enfant peut être en retard sur les autres enfants de son groupe ou présenter une avance plus ou moins considérable. Mais il peut aussi, être bien, ou, au contraire, mal proportionné.

J'ai donc cherché par rapport à la taille les valeurs que présentent les cinq autres mesures étudiées et dans quelles limites elles varient. Pour établir les graphiques qui suivent, les enfants ont été sériés selon leur taille sans tenir compte de l'âge, et j'ai calculé, pour chaque groupe ainsi déterminé la valeur, moyenne (voir le tableau I, p. 35) et la variation moyenne de la mesure considérée ; et figuré encore, comme précédemment, les limites d'un groupe moyen et les valeurs extrêmes observées. La progression de la taille est représentée par un trait plein (graphiques n°s 13, 14, 15, 16 et 17).

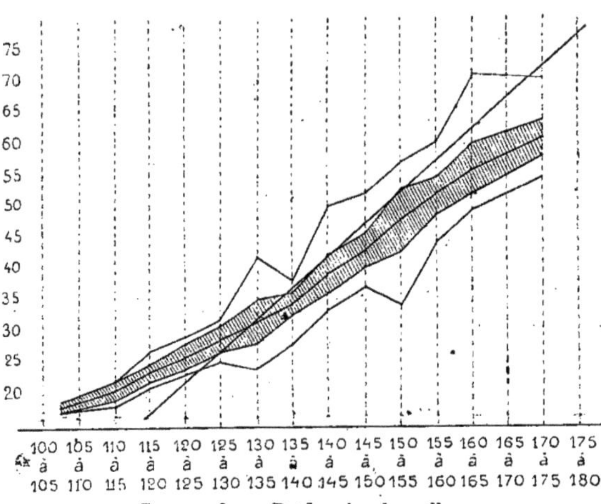

GRAPH. 13. — Poids selon la taille.

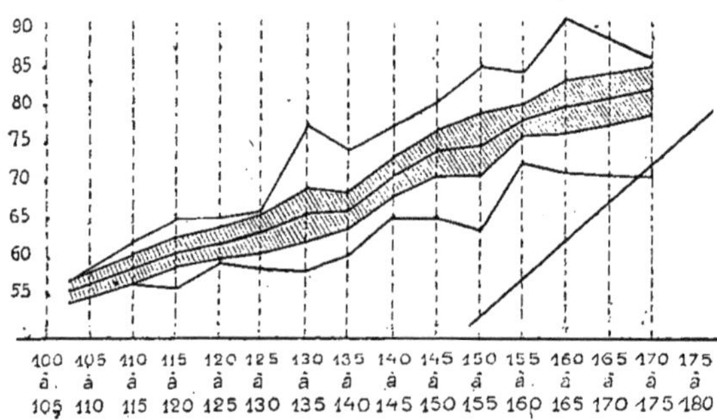

GRAPH. 14. — Périmètre thoracique selon la taille.

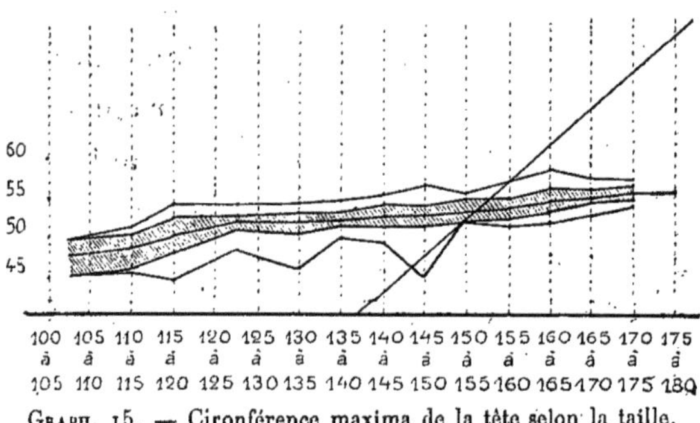

GRAPH. 15. — Circonférence maxima de la tête selon la taille.

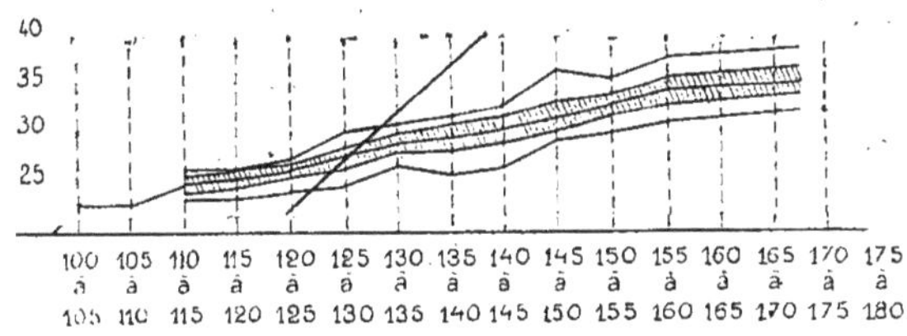

GRAPH. 16. — Largeur d'épaules selon la taille.

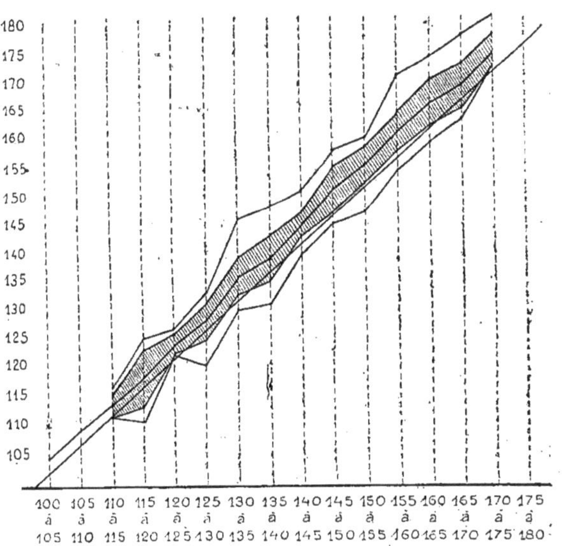

GRAPH. 17. — Envergure selon la taille.

Des graphiques qui précèdent ressortent un certain nombre de points intéressants :

1° Ils montrent d'abord que le poids, le périmètre thoracique, l'envergure, la largeur d'épaules et la circonférence maxima de la tête, et surtout les trois premières, sont plus intimement liés à la taille du sujet qu'à son âge : les variations moyennes sont moindres, les écarts des valeurs extrêmes inférieurs ; les limites entre lesquelles oscillent ces différentes mesures pour une taille donnée sont plus étroites que pour un âge déterminé. En d'autres termes, les proportions des diverses parties du corps sont plus constantes entre elles que n'est identique leur degré de développement chez des enfants différents.

2° On voit en outre qu'à un accroissement donné de la taille correspondent des accroissements très différents de chacune de ces mesures. Tandis que les augmentations successives de l'envergure sont presque exactement les mêmes que celles de la taille, celles de chacune des autres sont beaucoup moindres :

Accroissements correspondants à des accroissements de taille de 5 centimètres.

POIDS	PÉRIMÈTRE THORACIQUE	ENVERGURE	LARGEUR D'ÉPAULES	CIRCONFÉRENCE MAXIMA
3	1,8	5	0,9	0,6

Il en résulte que le rapport de chacune d'elles à la taille est plus ou moins variable selon celle-ci. En faisant en effet toujours égale à 100 la taille correspondante, on obtient alors les chiffres et graphiques qui suivent (Voir le tableau II et le graphique 18).

TAILLES SÉRIÉES	POIDS	PÉRIMÈTRE THORACIQUE	ENVERGURE	LARGEUR D'ÉPAULES	CIRCONFÉRENCE MAXIMA de la tête	POIDS	PÉRIMÈTRE THORACIQUE	ENVERGURE	LARGEUR D'ÉPAULES	CIRCONFÉRENCE MAXIMA de la tête
100 à 105	18	55,5	105	22,5	47,5	17	53	102,5	22	45
105 à 110			110	22,5				102,5	22	
110 à 115	20,5	58,5	114	24,5	48,5	18,2	52	101,5	22	43
115 à 120	23,5	60,5	119	25,5	50,5	20	51,5	101,5	21,5	43
120 à 125	26	61,5	125	26,5	52	21	50	102	21,5	41,5
125 à 130	29	63	129	27,5		22,5	49,5	101	21,5	
130 à 135	31,5	65,5	137	29	52	24	49,5	103,5	(22)	39
135 à 140	34,5	66	140	29,5	52,5	25	(48)	102	21,5	38
140 à 145	39,5	70,5	146	30,5	53	27	49,5	102,5	21,5	37
145 à 150	43	73,5	152	32	53	29	(50)	103	21,5	36
150 à 155	47,5	74,5	156	33	53,5	31	49	102,5	21,5	35
155 à 160	51,5	77,5	162	34,5	54	32,5	49	103	(22)	34,5
160 à 165	55,5	79,5	167		55	34	49	103		34
165 à 170			170	35,5	55,5			101,5	21	33,5
170 à 175	60,5	81,5	176		56	35	47	102		32,5
175 à 180					56					31,5
	1. Valeurs réelles.					2. Valeurs pour les tailles correspondantes faites égales à 100.				

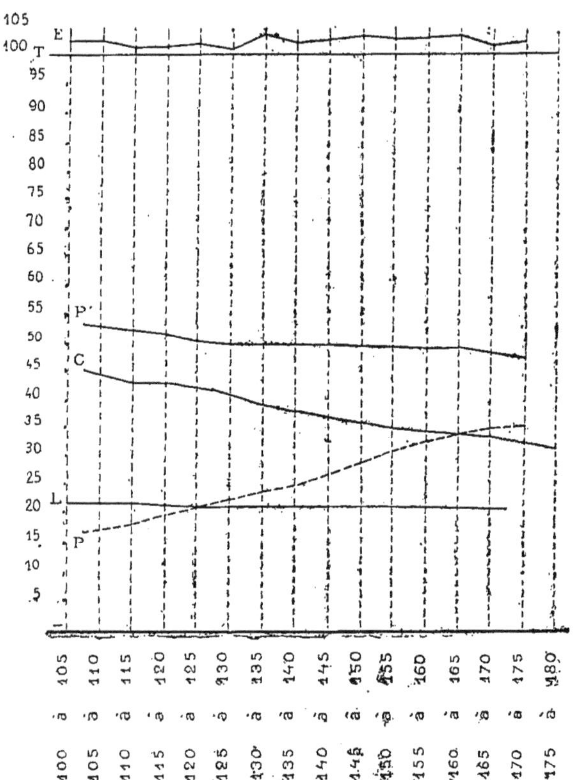

GRAPH. 18. — **Rapports à la taille de l'envergure E, du périmètre thoracique P', de la circonférence maxima de la tête C, de la largeur d'épaules L et du poids P.**

Le rapport de chacune des mesures qui nous occupe à la taille affecte donc relativement à la valeur de celle-ci trois allures très différentes :

1° Le rapport de l'envergure à la taille est à peu près constant, en moyenne égal à 102,5. Le graphique qui le représente suit à peu près parallèlement la ligne de la taille. Il n'y a pas de différences sur ce point entre les petites et les grandes tailles. Le rapport de l'envergure à la taille paraît invariable, ou du moins ses variations ne sont pas sous l'influence de la valeur de cette dernière.

Si l'on veut bien se reporter au tableau résumant les moyennes par âge de ces deux mesures, et où j'ai joint les valeurs de l'envergure pour les tailles correspondantes ramenées à 100, on trouvera là encore une confirmation de ce fait. On pourra remarquer aussi que le rapport de l'envergure à la taille n'est pas variable non plus avec l'âge des sujets considérés.

La valeur relative de l'envergure ne représenterait-elle pas alors plus spécialement une caractéristique individuelle ?

2° Au contraire de cette relation constante, les rapports à la taille de la largeur d'épaules, du périmètre thoracique et de la circonférence maxima de la tête, offrent des valeurs progressivement descendantes.

a) Celui qui varie le moins, quelle que soit la taille considérée, est celui de la largeur d'épaules. On pourrait presque lui attribuer toujours une valeur moyenne égale à 22 : ce n'est que pour les tailles extrêmes qu'il s'en écarte et il varie seulement de 22,5 pour les petites à 21 pour les plus grandes.

b) Le rapport du périmètre thoracique à la taille présente, à mesure que celle-ci s'accroît, une diminution plus accentuée. C'est déjà d'ailleurs le résultat qu'avait remarqué Goldstein (1) dans son étude de ce rapport : les

---

(1) Ed. Goldstein. Des circonférences du thorax et de leur rapport à la taille. *Rev. d'Anthropologie*. 2e série, 7, 1884, p. 460-485.

sujets petits ont relativement une poitrine plus ample que les sujets de haute stature.

c) L'abaissement enfin atteint son maximum pour le rapport à la taille de la circonférence maxima de la tête. Les enfants ont, relativement au reste du corps, une tête beaucoup plus grosse que les jeunes gens. De 45, valeur du rapport pour des sujets de 105 centimètres de taille, ou descend à 31,5 pour des sujets de 175 à 180 centimètres.

3° Un seul rapport va croissant, et le graphique qui le représente suit une marche nettement ascensionnelle : c'est le rapport du poids à la taille, qu'on pourrait appeler indice d'embonpoint. Relativement à celle-ci et à mesure qu'elle s'élève, la masse du corps prend aussi des valeurs de plus en plus grandes.

II. — COMPARAISON DES MENSURATIONS PRÉCÉDENTES FAITES SUR DES ENFANTS ANORMAUX ET DE MENSURATIONS D'ENFANTS NORMAUX.

Une étude semblable du développement physique d'enfants normaux permettrait sans doute de reconnaître s'il existe une corrélation, et quelle, entre la capacité intellectuelle et les dimensions du corps. Il faudrait pour cela, en face des chiffres précédemment obtenus avec des enfants arriérés, dresser des tables analogues d'enfants des écoles. Je ne puis malheureusement pas donner ici le résultat de mensurations personnelles. Mais voici du moins quelques chiffres empruntés aux auteurs les plus divers et concernant les mêmes mesures que celles qui font l'objet de ce travail aux âges correspondants.

1° **Taille et poids.** — C'est pour la taille et le poids que j'ai pu relever le plus grand nombre de statistiques. Pour la comparaison j'ai dressé ensuite :

a) Une statistique minima, en choisissant parmi elles toutes, pour chaque âge, le chiffre le plus inférieur ;

b) Une statistique moyenne de toutes ces statistiques réunies.

Sur les graphiques elles sont représentées en traits pleins à côté du tracé en ligne pointillée des moyennes que j'ai données (graphique n° 19).

	AGE. . .	8	9	10	11	12	13	14	15	16	17	18	19	20	21	22	23
1	Schmidt. 9 500 garçons du district de Saalfild.	**114,3**	**119,8**	**124,9**	**128,2**	**132,9**	137,8	142,2	»	»	»	»	»	»	»	»	»
2	Daffner. 834 sujets.	»	»	»	139,4	143,3	147,4	152,5	158,5	163,8	167,7	170,4	171,5	171,5	»	»	»
3	Topinard, d'après Gould.	»	»	»	»	»	»	»	»	»	167,3	169	170,8	171,9	172,1	172,4	172,6
4	Quételet. Belges.	116,2	121,6	127,3	132,5	137,5	142,3	146,9	151,3	**155,4**	159,4	163	**165,5**	**166,9**	»	»	»
5	Roberts. 30 820 Anglais sans chaussures. .	117,5	124,2	129,5	133,7	137,5	142,2	148,2	155,5	160,7	165,5	167,5	168,2	168,7	»	**168,9**	»
6	Topinard, d'après Bowditch et Baxter. 250 000 Américains.	121,3	126,2	131,3	135,4	140	145,3	152,1	158,2	165,1	167,3	168,9	170,3	171,4	172,1	172,5	172,5
7	Vierordt, A. Key et Bergerstein. 14 817 Suédois.	126	131	133	136	140	144	149	156	162	167	170	»	»	»	»	»
8	— Erismann.	120,1	122,4	126,3	129,9	134,4	**137,7**	**141,2**	»	»	»	»	»	»	»	»	»
9	— Geissler et Ublitsch. 10 343 Saxons.	117,6	122,1	126,7	130,6	135,5	140,1	144,1	»	»	»	»	»	»	»	»	»
10	Bowditch, d'après Cowell. 410 enfants anglais employés dans les ateliers.	»	122,2	127	130,8	135,5	138,3	143,7	151,5	156,5	**159,2**	**160,8**	»	»	»	»	»
11	— Cowell. 117 enfants anglais non employés dans les ateliers. . .	»	123,3	128,6	129,6	134,5	139,6	144	147,4	160,5	162,7	177,5	»	»	»	»	»
12	— 3 415 Américains des écoles de Boston, sans souliers. . . .	122	127,2	132,6	137,2	141,7	147,7	155,1	159,9	166,5	168,4	169,5	»	»	»	»	»
13	— 3 763 Irlandais des écoles de Boston, sans souliers. . . .	121,2	125,2	131,1	134,9	139,3	144	149,5	155,3	162,8	»	»	»	»	»	»	»
14	— 363 Américains-Irlandais des écoles de Boston, sans souliers.	120,7	125,2	130,4	135,4	140	143,9	150,5	»	»	»	»	»	»	»	»	»
15	— 546 Allemands des écoles de Boston, sans souliers. . . .	119,7	124,1	130,1	134,4	138,6	144	151,2	157,6	»	164,4	»	»	»	»	»	»
16	— 774 Anglais des écoles de Boston, sans souliers.	120,7	125,4	131,2	134,1	139,4	144,2	159,9	156,2	162,2	»	»	»	»	»	»	»
17	Vierordt, Liharzik.	»	»	145	»	»	»	»	»	»	»	»	»	»	»	»	173
18	Vitali.	»	»	»	136,9	142,6	145,6	151,3	156,4	164,3	164,8	»	166,6	»	»	»	»
19	Dunant (de Genève).	»	»	»	»	»	»	»	»	»	»	»	»	167,4	»	»	»
20	Vierordt, Wesner.	»	»	»	»	»	»	»	**145,2**	159,8	159,8	165,7	170,2	»	»	»	»
21	Hrdlicka. 579 blancs.	115,2	121,2	124,8	131,5	136,2	142	144,9	146,2	161,5	165,4	»	»	»	»	»	»
22	— 110 nègres.	119,6	125,1	127,1	136	138,1	139,2	»	148,6	»	»	»	»	»	»	»	»

1. Schmidt. *Revue mensuelle de l'École d'Anthropologie.* 1892, p. 276.

2 à 17. Cités par Bonnier. *Dictionnaire de physiologie.* Art. : Croissance.
(Les chiffres de Roberts étant en pouces de 25 millimètres, j'ai converti tous ses résultats.)

19. Cité au *Dictionnaire d'Anthropologie.* Art. : Taille.

20. Hermann Vierordt. Anatomische physiologische und physikalische Daten und Tabellen zum gebrauche für Mediciner. Iéna, 1888.

21. Ales Hrdlicka. Anthropological investigations on one thousand white and colored children of both sexes, etc.

On voit donc que pour la taille les chiffres les plus inférieurs (soulignés dans le tableau précédent) des statistiques des auteurs étrangers dépassent le plus souvent les chiffres représentant la taille des enfants arriérés; ceux-ci n'ont un peu la supériorité qu'à 14 et 15 ans.

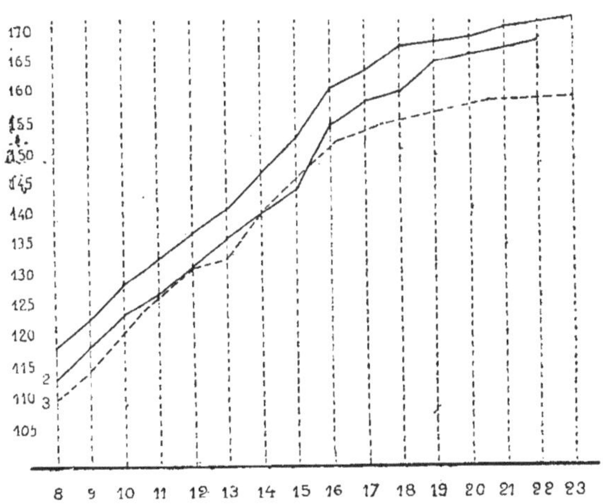

GRAPH. 19. — Taille selon l'âge. Enfants normaux : 1. Moyenne générale; 2. Moyenne minima ; 3. Enfants de Vaucluse.

Mais ils restent toujours bien au-dessous de la moyenne générale, l'écart n'étant jamais moindre de 4 centimètres et pouvant s'élever jusqu'à 13 centimètres, en moyenne $8^{cm},3$.

La grandeur de celui-ci empêche qu'on puisse attribuer seulement la différence trouvée à d'autres causes, comme serait, par exemple, l'heure de la journée où la mesure a été faite (toujours de 4 à 6 heures) : sans doute il y a du matin au soir une diminution de la taille par suite du tassement des disques intervertébraux, mais elle est insignifiante.

Peut-être par exemple pourrait-on objecter plus justement que cette petitesse de la taille n'est pas tant en corrélation avec l'état mental des enfants observés qu'avec leur condition sociale. Bowditch, Donaldson (1), etc., ont bien établi l'action sur la stature des conditions défectueuses d'existence. Et vraisemblablement y a-t-il en effet une action de ce facteur. Mais déjà le fait que nos chiffres se sont trouvés inférieurs aux chiffres les plus bas des statistiques données, et dont quelques-unes, d'ailleurs, portent précisément sur des enfants de condition sociale médiocre (en voir notamment une de Bowditch-Cowell) semble indiquer qu'il s'y ajoute autre chose, ou tout au moins qu'elles se sont exercées avec une intensité beaucoup plus grande qu'à l'ordinaire, en sorte qu'elles sont peut-être la cause commune des imperfections psychiques ou physiques des enfants, mais ce qui laisse légitime la corrélation rencontrée.

Voici en effet, en plus des statistiques précédentes, les excès de taille d'enfants bourgeois par rapport à des enfants plus pauvres : l'écart moyen est seulement d'environ 5 centimètres :

---

(1) Cités par BONNIER. *Dictionnaire de physiologie*. Art. croissance.

AGE	EXCÈS DE TAILLE		
	Des élèves de l'école bourgeoise de Fribourg sur les enfants des campagnes environnantes. (Geissler et Uhlich.)	Des écoles de Moscou sur les enfants des ateliers et fabriques. (Erissmann.)	Des élèves des écoles aisées de Stockholm sur ceux des écoles libres. (Key.) (1)
8	2,3	»	4
9	5,1	0,4	6
10	2,7	4,6	4
11	2,3	5,7	2
12	3,8	5,7	3
13	4,7	5,7	2
14	»	9	5
15	»	9,7	4
16	»	8,7	»
17	»	5,4	»

(1) Déjà cités.

Mais il faudrait également savoir quelles sont les tailles maxima et surtout les tailles minima qu'on peut observer chez les enfants normaux. Malheureusement sur ce point particulier les documents sont peu nombreux. Voici quelques tailles minima indiquées par Roberts (1); je ne sais d'ailleurs rien des sujets qui les ont présentées; elles me paraissent curieuses cependant parce que, malgré le grand nombre de sujets examinés, 4 d'entre elles sur 6 sont supérieures aux tailles minima trouvées à Vaucluse aua âges correspondants. Il y a plus: 3 autres sujets âgés de 18 ans, un autre de 20 ans, et 4 autres enfin de 22 ans, présentent également des tailles inférieures aux tailles minima de Roberts.

(1) Déjà cité.

ROBERTS (ANGLETERRE)	AGE					
	12	14	16	18	20	22
Nombre de sujets.	868	2 724	1 704	1 675	460	296
Tailles minima. .	110,4	128,2	133,3	151,2	157,4	157,4
A comparer. .	120,8	123,8	143,2	135	151,6	152
				Dam. 145,5	Gom. 154,4	De. 152,8
				Met. 147		Cam. 155,8
				Lab. 149,8		Cor. 155,9
						Du. 157,3

Quant au graphique qui a rapport aux accroissements annuels calculés comme précédemment (n° 20)

GRAPH. 20. — Accroissements annuels de la taille : enfants normaux ; enfants anormaux.

il est intéressant par l'analogie qu'il offre avec les nôtres comme on peut s'en rendre compte d'ailleurs déjà par les courbes de croissance de la taille : il marque cependant mieux la coïncidence pour toutes les périodes d'accélération ou de ralentissement dans le développement de cette mesure. Il laisse apercevoir que ce n'est peut-être pas les divers temps de la croissance et si l'on veut la forme de celle-ci qui créent les différences, la croissance des enfants anormaux suivrait à peu de chose près la même marche que celle des enfants sains.

Pour ce qui concerne le poids, les résultats sont assez différents de ce que fournit la comparaison des tailles (graphique n° 21); la courbe des chiffres minima

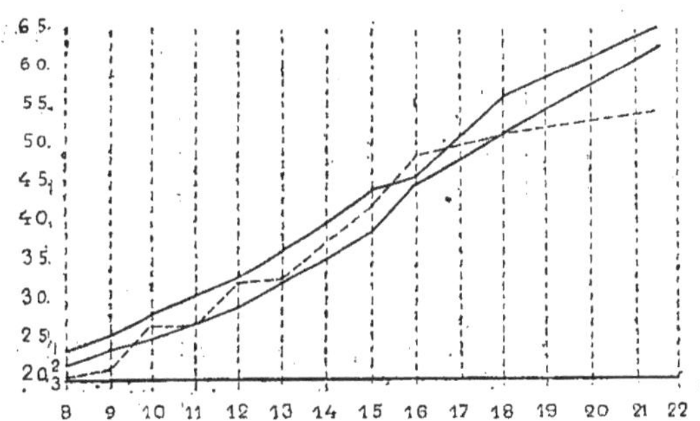

GRAPH. 21. — Poids selon l'âge. 1. Moyenne générale. 2. Moyenne minima.

franchit presque partout notre courbe moyenne; cette dernière vient même couper à 16 ans la courbe moyenne générale dont elle n'est d'ailleurs distante auparavant que d'un peu moins de 3 kilogrammes (2^{kgr},8).

Cette fois l'excès n'est guère plus grand que celui indiqué par Key du poids des élèves des écoles aisées de Stockholm sur ceux des écoles pauvres: en moyenne 2^{kgr},100. D'après Pagliani (1), il est vrai, le poids des

(1) Cité par BONNIER. *Dict. physiol.* Art. croissance.

POIDS SELON L'AGE

	AGE. . .	8	9	10	11	12	13	14	15	16	17	18	19	20	21	22	23
1	Quételet. Belges.	21,6	23,5	25,2	27	29	33,1	37,1	41,2	45,4	49,7	53,9	57,6	59,5	61,2	62,9	64,5
2	Donaldson, d'après Roberts. 26 608 Anglais de toutes classes, avec vêtements.	25,3	27,7	31	33,1	35,4	38,1	42;3	47,3	54,7	60	63,2	64,4	65,9	66,7	68	68
3	Bowditch Cowell. 410 enfants anglais employés dans les ateliers.	»	23,47	25,84	28,04	29,91	32,69	34,95	40,06	44,43	47,36	48,12	»	»	»	»	»
4	Bowditch Cowell. 227 enfants anglais non employés dans les ateliers.	»	24,15	»	»	30,49	34,17	35,67	39,37	50,01	53,41	57,27	»	»	»	»	»
5	Bowditch. 3 415 Américains des écoles de Boston, sans souliers, avec vêtements.	24,70	26,58	30,22	32,83	36,21	40,04	45,03	50,26	56,09	58,40	60,20	»	»	»	»	»
6	Bowditch. 3 763 Irlandais des écoles de Boston, sans souliers, avec vêtements.	24,55	26,73	29,48	31,56	34,34	37,58	40,36	45,90	51,19	»	»	»	»	»	»	»
7	Bowditch. 363 Américains Irlandais des écoles de Boston, sans souliers, avec vêtements. . .	23,97	25,97	29,29	31,91	34,32	36,93	41,68	»	»	»	»	»	»	»	»	»
8	Bowditch. 546 Allemands des écoles de Boston, sans souliers, avec vêtements.	24,02	26,43	29	31,34	34,34	38,04	42,12	48,80	»	56,09	»	»	»	»	»	»
9	Bowditch. 774 Anglais des écoles de Boston, sans souliers, avec vêtements..	24,14	26,58	29,51	30,44	34,20	38,44	42,07	45,90	54,57	»	»	»	»	»	»	»
10	Hrdlicka. Poids des vêtements soustraits.	21,31	24,03	25,84	29,02	31,74	36,73	38,09	36,54	52,15	55,32	»	»	»	»	»	»

1 à 9. Cités par Bonnier. *In Dictionnaire de physiologie*. Art. : Croissance.
Les chiffres de Roberts (2) étant donnés en livres avoir du poids de 460 grammes, j'ai converti tous ses résultats.

10. Déjà cité. Les chiffres étant donnés en « pounds » j'ai pris pour valeur de celui-ci 453gr,5.

enfants amaigris par les privations se refait très vite contrairement à la taille qui reste abaissée (Key (1) exprime cependant vis-à-vis de celle-ci une opinion analogue). Faudrait-il admettre que la petitesse de l'écart persistant est dûe précisément à l'intervention d'autres conditions à partir du jour où l'enfant est entré à la colonie ?

De même entre les accroissements annuels, on ne retrouve pour ainsi dire plus d'analogie.

Pour ce qui est du rapport du poids à la taille et de l'indice d'embonpoint (voir le tableau correspondant, p. 37) voici pour la comparaison quelques chiffres de Vierordt d'après Quételet :

STATURE	POIDS	RAPPORT DU POIDS A LA STATURE
1	15,9	15,9
1,1	18,5	16,82
1,2	21,72	18,10
1,3	26,63	20,04
1,4	34,48	24,63
1,5	46,29	30,86
1,6	57,15	35,72
1,7	63,28	37,22

J'ajouterai enfin ici une remarque : c'est que dans les deux graphiques de la taille et du poids, destinés à montrer l'écart entre des sujets normaux et les nôtres, celui-ci paraît particulièrement s'accentuer après l'âge de 17 ans. On pourrait être tenté d'attribuer ce fait à un arrêt plus précoce ou du moins à un ralentissement plus considérable de la croissance chez les enfants normaux

(1) Déjà cité.

que chez les autres. Mais, en réalité, il semble plutôt qu'il en faille chercher la cause dans des conditions spéciales à la colonie et qui se traduisent ici : l'hospitalisation y est en effet plus spécialement réservée aux enfants et tous les sujets y sont reçus jusqu'à 17 ans ; passé cet âge ils sont versés dans les services d'adultes ; mais la règle est moins rigoureuse pour ceux qui sont entrés à la colonie jeunes, et, à la faveur précisément de leur moindre développement physique, un certain nombre de sujets y restent ; au contraire, les plus vigoureux, qui relèvent précisément le niveau des moyennes aux âges précédents, sont transférés dès qu'ils paraissent adultes.

2° Envergure.

Je n'ai que quelques chiffres de Bertillon relatifs à l'envergure selon la taille (1). Ils sont très analogues, presque semblables même, à ceux que j'ai trouvés. Mais les sujets mensurés par M. Bertillon ne sont-ils pas aussi des sujets spéciaux et qui ne peuvent à tout prendre être identifiés à des sujets absolument normaux ?

TAILLES SÉRIÉES	ENVERGURES : A COMPARER	ENVERGURES : BERTILLON
145 à 150	152	151,5
150 à 155	156	156,5
155 à 160	162	161,5
160 à 165	167	166,5
165 à 170	170	170,5
170 à 175	176	175,5

(1) Bertillon. Instructions signalétiques. 1893.

3° Périmètre thoracique.

Goldstein (1) a publié sur le périmètre thoracique une assez longue étude faite à l'aide de mensurations de médecins militaires russes. Je ne donne, des chiffres qu'il cite, que ceux qui concernent des tailles correspondantes aux nôtres et sériées à peu près de même :

TAILLES	4 229 Juifs du bassin de la Vistule (de constitution chétive)		1 969 Juifs des provinces du nord-ouest de la Russie (de constitution chétive)		933 Samogitiens de constitution vigoureuse.	
	Périmètre thoracique	Rapport à la taille faite égale à 100	Périmètre thoracique	Rapport à la taille faite égale à 100	Périmètre thoracique	Rapport à la taille faite égale à 100
Inférieures à 150.	76,5	53,1	77,4	55,7	78,1	54,9
De 150 à 159.	79,3	51,3	78,3	50,7	82,8	53,6
160 à 164.	80,6	49,7	80,4	49,6	85,8	52,9
165 à 169.	81,9	49	81,3	48,6	87,1	52,1
170 à 179.	82,5	47,3	83,2	47,7	88,9	50,9

On voit que chez les Juifs de constitution chétive la valeur absolue des circonférences thoraciques, de même que leur rapport à la taille, sont inférieurs à ce qu'ils sont chez les Samogitiens vigoureux. S'appuyant sur ce fait, et sur ce que les affections des voies respiratoires étaient d'autant plus nombreuses, et d'autant plus fréquente la prédispositon à la phtisie, que le rapport du périmètre thoracique à la taille était plus bas, Goldstein l'appelle pour

(1) Déjà cité.

cette raison indice de vitalité. C'est ce rapport qui est considéré comme mesure de l'aptitude militaire, à la condition que la circonférence thoracique soit égale à 50 pour 100 de la taille ou supérieure à cette valeur.

Or, chez les enfants de Vaucluse on trouve encore un abaissement de cet indice (Voir le tableau n° 2 p. 35). Cela traduirait donc leur vitalité inférieure. Toutefois, peut-être aussi convient-il de remarquer, que tous les sujets de Goldstein sont de même âge, 19 à 20 ans sans doute puisqu'il s'agit de conscrits, tandis que les groupes de tailles correspondantes que nous avons formés comprennent bon nombre d'enfants d'âge inférieur, et c'est encore un point indéterminé dans quelle mesure l'intervention de ce nouveau facteur peut contribuer à modifier la valeur de l'indice de vitalité.

4° Circonférence maxima de la tête.

Les quelques chiffres qui suivent semblent indiquer aussi un retard léger de nos enfants :

TÊTE CIRCONFÉRENCE MAXIMA	8	9	10	11	12	13	14	15	16	17
Moyennes à comparer. . . .	49,5	49,5	52	52	52,5	52,5		53,5	53,5	
Hrdlicka. Blancs.	51,5	52	52	52	52,5	53	53,5	53,5	54,5	
— Nègres.	50	51	51		52	52	53	54,5	54,5	

III. — SUBDIVISION DU GROUPE DES ENFANTS NORMAUX EN : 1° IDIOTS OU IMBÉCILES; 2° DÉBILES. COMPARAISON DE CES DEUX CLASSES D'ENFANTS AU POINT DE VUE DE LEUR DÉVELOPPEMENT PHYSIQUE.

Les documents que j'ai pu réunir sur les enfants normaux ne sont donc qu'en petit nombre. Ils ne permettent qu'une comparaison très imparfaite : on peut d'ailleurs faire aux statistiques que j'en ai données, cette grosse objection qu'elles mêlent des types de races très différentes, et l'on sait que Broca considérait la race comme le principal élément, sinon le seul, qui ait un retentissement sur la taille; elles ne renferment d'autre part que des moyennes, et, comme Benedikt (1) le remarque très justement, c'est moins les moyennes brutes qu'il faut examiner que la sériation des termes qui servent à les établir. Aussi ai-je cherché s'il ne serait pas possible d'observer des résultats analogues, ou plus nets, en profitant des classifications faites par la clinique entre les enfants hospitalisés à Vaucluse. Entre eux, pas de différences de race ni de conditions sociales, sauf excep-

(1) D. Moriz Benedikt. Manuel technique et pratique d'anthropométrie cranio-céphalique, etc. Trad. Kéraval. Paris, 1889.

tions rares, et des différences intellectuelles, au contraire, suffisantes encore. Si réellement une corrélation entre le développement physique et l'état mental existe, elle doit donc se trouver ici particulièrement frappante.

A. Croissance.

Il m'a semblé que d'après l'ensemble des certificats qui accompagnent chaque enfant, on pouvait établir, sous réserves sans doute, mais cependant d'une manière suffisamment certaine, deux groupes distincts parmi les pensionnaires de la colonie : l'un d'eux comprenant ceux qui sont qualifiés idiots ou imbéciles ; l'autre, les débiles, dégénérés ou délirants. Si imparfaitement que soient déterminées les limites entre ces deux séries d'enfants, et malgré que quelques erreurs de classement puissent être faites pour les cas de transition, il semble pourtant qu'on puisse admettre, que la plupart des enfants du premier groupe seront notablement inférieurs intellectuellement aux enfants du second. Comment donc se comportent-ils respectivement quant à leur développement physique ?

Pour m'en assurer, j'ai distribué pour chaque mesure les enfants selon 4 classes qui me permettaient de ne pas tenir compte des différences d'âge existant entre eux :

L'une comprend en effet toutes les valeurs inférieures au chiffre minimum des groupes moyens de chaque âge : classe des mesures inférieures ;

Une autre comprend au contraire toutes les valeurs supérieures au chiffre maximum de ces mêmes groupes moyens : classe des valeurs supérieures ;

L'ensemble des groupes moyens enfin, — précédemment déterminés par les limites de la variation moyenne de la mesure considérée aux divers âges successifs, — est subdivisé lui-même par cette valeur moyenne, en : classe des mesures moyennes basses et classe des mesures moyennes hautes.

Quand les chiffres étaient exactement ceux de la valeur moyenne, je les ai toujours mis dans la classe des mesures moyennes basses : il me semble en effet qu'il faut plutôt les considérer ainsi puisque la comparaison faite de ces mesures avec celles observées chez les enfants normaux amène plutôt à leur donner une signification péjorative. L'uniformité de la méthode me semble écarter d'ailleurs de ce côté toute cause d'erreur.

J'ai cherché ensuite comment se répartissent, dans chacune de ces 4 classes, les débiles d'une part, les idiots ou imbéciles de l'autre. Enfin, le nombre des uns et des autres étant inégal, j'ai dû, pour que les chiffres fussent comparables, indiquer toujours les proportions pour 100.

On obtient ainsi le tableau suivant:

NOMBRE DE SUJETS SUR 100 AYANT POUR LEUR AGE		IDIOTS ou IMBÉCILES	DÉBILES	IDIOTS ou IMBÉCILES	DÉBILES	
Une envergure. .	inférieure. . .	24,5	14,5	64,5	46	+ 18,5
	moyenne basse. .	40	31,5			
	moyenne haute. .	23,5	22	35	53,5	— 18,5
	supérieure. . .	11	31,5			
						37
Une circonférence maxima de la tête.. . . .	inférieure. . .	31	7	66	49	+ 17
	moyenne basse. .	35	42			
	moyenne haute. .	23,5	30,5	33,5	50,5	— 17
	supérieure. . .	10	20			
						34
Un poids.. . .	inférieur.. . .	28,5	14	60,5	43,5	+ 17
	moyen bas. . .	32	29,5			
	moyen haut. . .	22,5	38	39,5	56,5	— 17
	supérieur.. . .	17	18,5			
						34
Un périmètre thoracique. . .	inférieur.. . .	23	11	58,5	41	+ 17,5
	moyen bas. . .	35,5	34			
	moyen haut. . .	20,5	32,5	41	55,5	— 14,5
	supérieur.. . .	20,5	23			
						32
Une largeur d'épaules. . . .	inférieure. . .	2,56	20,5	65	52,5	+ 12,5
	moyenne basse. .	38,5	32			
	moyenne haute. .	81,5	29	34,5	47,5	— 13
	supérieure. . .	16	18,5			
						25,5
Une taille.. . .	inférieure. . .	27	18,5	54	45,5	+ 8,5
	moyenne basse. .	27	27			
	moyenne haute. .	32	29	45,5	54,5	— 9
	supérieure. . .	13,5	25,5			
						17,5

Il faut lire ces tableaux de la manière suivante :

Sur 100 idiots ou imbéciles on en trouve présentant des envergures inférieures pour leur âge, 24,5, — tandis que 14 débiles seulement sur 100 ont une égale infériorité, etc.

Sur 100 idiots ou imbéciles, on en trouve présentant des envergures inférieures ou moyennes basses, 64,5, — tandis que 46 débiles seulement sur 100 ont un égal défaut de développement ; — au contraire, sur 100 idiots ou imbéciles, on en trouve présentant des envergures supérieures ou moyennes hautes 35 seulement tandis que 53 débiles 5 ont des envergures dépassant ainsi la moyenne de leur âge, etc.

Il est facile de remarquer qu'un renversement de cette nature entre le pourcentage respectif des idiots et imbéciles ou débiles se renouvelle régulièrement pour chaque mesure quand on passe de ses valeurs inférieures ou moyennes basses à ses valeurs moyennes hautes et supérieures.

J'ai sérié les tableaux selon le dégré des différences entre les deux groupes d'enfants dans les classes ainsi réunies deux par deux. C'est en effet jusqu'à un certain point une manière d'apprécier la valeur corrélative de la mesure. Le premier rang revient ainsi à l'envergure, nous verrons tout à l'heure pourquoi ; la circonférence de la tête et le poids devraient venir *ex æquo* ; puis le périmètre thoracique et en dernier lieu la taille.

Mais on voit d'autre part que le contraste entre les proportions pour 100 d'idiots et d'imbéciles ou débiles est toujours plus marqué pour les valeurs inférieures ou supérieures de chaque mesure que pour ses valeurs moyennes basses ou hautes. — Pour cela, et en raison aussi du fait que ces deux classes de valeurs, inférieures et supérieures, sont plus distinctes entre elles que ne diffèrent l'une de l'autre les deux classes moyennes, il conviendrait donc peut-être plutôt d'attribuer une importance prépondérante aux chiffres qui leur correspondent. En n'envisageant qu'elles, on obtient alors la sériation suivante :

CIRCONFÉRENCE MAXIMA de la tête	ENVERGURE	TAILLE	POIDS	PÉRIMÈTRE THORACIQUE	LARGEUR D'ÉPAULES
+ 24	+ 10	+ 8,5	+ 14,5	+ 12	+ 6
— 10	— 20,5	— 12	— 1,5	— 2,5	— 2,5
34	30,5	20,5	15,5	14,5	8,5

Il faut remarquer encore que pour la circonférence maxima de la tête, puis le poids, et enfin le périmètre thoracique et la largeur d'épaules, c'est à la rareté de la petitesse de ces mesures chez les débiles et à sa fréquence chez les idiots ou imbéciles qu'est principalement due la différence signalée ; — au contraire, pour l'envergure et la taille, c'est leur grandeur chez les débiles qui est le plus caractéristique.

De toutes façons, par exemple, il est curieux de voir que la taille, qui d'après la comparaison avec celle des enfants normaux paraissait pourtant si abaissée, ne vient ici comme caractère de différenciation entre les idiots ou imbéciles et les débiles qu'en 3e ou 6e ligne.

Mais où la corrélation entre le développement physique et la valeur intellectuelle apparaît en toute évidence, c'est quand, au lieu d'envisager ainsi chaque mesure isolément, on considère leur ensemble. Le tableau suivant me paraît à cet égard particulièrement démonstratif :

NOMBRE POUR 100 D'ENFANTS AYANT POUR LEUR AGE	IDIOTS OU IMBÉCILES	DÉBILES	IDIOTS OU IMBÉCILES	DÉBILES	IDIOTS OU IMBÉCILES	DÉBILES	
6 mesures inférieures.	4,5	0	34,5	19,5	64,5	42,5	+ 22
6 mesures moyennes basses, ou, en même temps, quelques-unes inférieures, mais non toutes.	30	19,5					
Des mesures moyennes basses et moyennes hautes, mais avec une majorité de mesures moyennes basses.	30	23	30	23			
Des mesures moyennes basses et moyennes hautes, mais avec une majorité de mesures moyennes hautes (1).	21	24	21	24	36	57,5	— 21,5
6 mesures moyennes hautes, ou, en même temps, quelques-unes supérieures, mais non toutes.	15	29,5	15	33,5			
6 mesures supérieures.	0	3,5					43,5

(1) 2 enfants seulement présentaient un égal nombre de mesures moyennes hautes et de mesures moyennes basses : un imbécile et un débile ; j'ai placé le débile dans le groupe des mesures moyennes basses, l'imbécile dans le groupe des mesures moyennes hautes, à l'inverse par conséquent de l'idée préconçue.

Il y a diminution progressive du nombre d'idiots ou imbéciles à mesure qu'augmente le nombre des mesures qu'on trouve supérieures, et, à l'opposé, augmentation du nombre des débiles, rares au contraire parmi les sujets peu développés.

On voit même, par la première colonne du tableau, qu'il existe aux deux extrémités de la série deux groupes absolument spéciaux, l'un d'idiots, comprenant des sujets très en retard dans leur développement, l'autre de débiles seulement, constitué au contraire par les sujets les plus vigoureux ; — comme si certain développement corporel devait assurer un degré donné de mentalité, tandis que telle insuffisance physique serait incompatible avec une pensée même faible.

Ainsi les idiots et imbéciles sont le plus souvent moins développés que les débiles. Je pouvais donc m'attendre à leur trouver également des accroissements annuels moindres ; et, de fait, une statistique analogue à la précédente portant sur les enfants dont j'ai eu l'occasion de mesurer deux fois la taille à une année d'intervalle, montre en effet nettement que les accroissements annuels faibles se rencontrent de préférence chez les idiots ou imbéciles et les accroissements annuels forts chez les débiles.

NOMBRE DE SUJETS SUR 100 AYANT POUR LEUR AGE		IDIOTS ou IMBÉCILES	DÉBILES	IDIOTS ou IMBÉCILES	DÉBILES	
Un accroissement annuel. . . .	inférieur. . . .	35	18	64	56	+ 8
	moyen bas. . .	29	38			
	moyen haut. . .	24,5	22	36	44	— 8
	supérieur. . . .	11,5	22			
						16

La différence cependant ne paraissait pas aussi nette que les résultats précédents la faisaient prévoir. Aussi me suis-je demandé, malgré les résultats opposés qu'avait paru me donner la comparaison faite sur ce point avec des enfants normaux, si la cause n'en serait pas précisément dans une altération de la croissance, non comme valeur, mais comme forme : mes résultats pour chaque enfant ne traduisaient que le passage d'un âge donné au suivant, n'y avait-il pas telles périodes où les imbéciles en retard pouvaient croître plus que les débiles, bien que d'une manière insuffisante cependant pour les rejoindre, à cause de l'avance prise. Il fallait donc, dans chaque groupe d'âge, séparer les idiots ou imbéciles d'une part et les débiles de l'autre pour voir comment se comportaient leurs coefficients d'accroissement respectifs. Le tableau suivant et le graphique (n° 22) le montrent assez bien :

	IDIOTS OU IMBÉCILES :		DÉBILES :	
	NOMBRE de sujets	ACCROISSEMENT	ACCROISSEMENT	NOMBRE de sujets
8 à 9	1	3,5	8,6	1
9 à 10	5	3	3,9	4
10 à 11	3	2,6	3,6	8
11 à 12	7	2,9	3,5	4
12 à 13	6	3	3,5	7
13 à 14	4	3,5	4,4	4
14 à 15	6	3,7	4,9	7
15 à 16	6	4,4	3,9	21
16 à 17	7	2,1	3,8	6
17 à 18	7	2,3	1,9	13
18 à 19	7	0,9	1,6	6
19 à 20	5	1,2	0,8	5
20 à 21	2	0,7	0,1	1
21 à 22	»	»	»	»
22 à 23	2	0,6	»	»

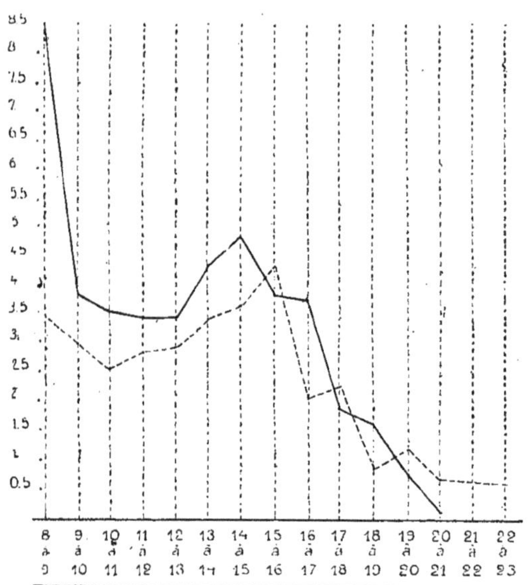

Graph. 22. — Accroissements annuels : débiles ; idiots ou imbéciles.

On y distingue nettement deux parties : de 8 à 15 ans les accroissements annuels des idiots et imbéciles sont inférieurs à ceux des débiles ; au delà au contraire quand le pouvoir d'accroissement baisse, il baisse à peu près de la même façon dans les deux groupes et leurs courbes respectives oscillent autour d'une valeur commune ; il semblerait donc que ce sont surtout les périodes actives de croissance qui sont atteintes chez les idiots.

B. Corrélation des diverses mesures entre elles.

J'ai fait enfin pour ce qui est des rapports à la taille une statistique analogue à celle précédemment donnée pour les différents âges. La voici résumée dans le tableau suivant

NOMBRE DE SUJETS SUR 100 AYANT POUR LEUR TAILLE		IDIOTS ou IMBÉCILES	DÉBILES	IDIOTS ou IMBÉCILES	DÉBILES	
Une circonférence maxima de la tête.. . . .	inférieure. . .	21	5,5	64	51	+ 13
	moyenne basse. .	43	45,5			
	moyenne haute. .	21	33	36	49	— 13
	supérieure. . .	15	16			
						26
Une envergure. .	inférieure. . .	21,5	13,5	56	44,5	+ 11,5
	moyenne basse. .	34,5	31			
	moyenne haute. .	24	33,5	44	55,5	— 11,5
	supérieure. . .	20	22			
						23
Un périmètre thoracique. . .	inférieur. . . .	16	13	59	51,5	+ 7,5
	moyen bas. . .	43	38,5			
	moyen haut. . .	18,5	25,5	40,5	48,5	— 8
	supérieur . . .	22	23			
						15,5
Une largeur d'épaules. . . .	inférieure. . .	14	16	57,5	51	+ 6,5
	moyenne basse. .	43,5	35			
	moyenne haute. .	21	33	42	49	— 7
	supérieure. . .	21	16			
						13,5
Un poids. . . .	inférieur. . . .	26	17	55,5	50	+ 5,5
	moyen bas. . .	29,5	33			
	moyen haut. . .	25	33	44	50	— 6
	supérieur . . .	19	17			
						11,5

Un fait frappe tout de suite : c'est que nulle part la différence n'est ici aussi nette entre les idiots et imbéciles d'une part et les débiles d'autre part, que lorsque les mêmes mesures sont comparées à ce qu'elles devraient être d'après l'âge du sujet. Quelle que soit celle qui est observée, ce qu'on pourrait appeler, de ce point de vue, son coefficient de différenciation, est toujours un chiffre inférieur à celui que nous avons trouvé tout à l'heure. Autrement, *c'est moins une altération des proportions des diverses parties de son corps qui distingue l'idiot ou l'imbécile du débile que l'absence de son développement considéré dans son ensemble.*

Cette remarque générale faite, il faut ajouter encore que pour quatre des cinq mesures rapportées à la taille, c'est l'abaissement du rapport qui est caractéristique et d'une manière considérable, plutôt que ses valeurs hautes. Le fait est de toute netteté si l'on n'envisage que les rapports extrêmes :

CIRCONFÉRENCE MAXIMA de la tête	ENVERGURE	PÉRIMÈTRE THORACIQUE	POIDS	LARGEUR D'ÉPAULES
+ 15.5	+ 8	+ 3	+ 9	+ 2
— 1	— 1	— 1	(+ 2)	(+ 5)

Même, pour le poids et la largeur d'épaules, des indices élevés paraissent se rencontrer fréquemment chez les idiots.

Le rapport du périmètre thoracique est au contraire plus souvent inférieur chez eux ; ils présenteraient donc également par là dans la lutte pour l'existence un désavantage sur les débiles.

Quant au rapport de l'envergure à la taille, j'ai été surpris de trouver qu'il était plus fréquemment au-dessous de sa valeur moyenne chez les idiots ou imbéciles que chez les débiles. C'est ce qui explique la grande valeur attribuée à la mesure par notre première statistique : d'une part, en effet, l'envergure est dans un rapport au moins à peu près constant avec la taille, et, par conséquent, cette fréquence d'envergures petites est aussi grande chez les idiots que la fréquence chez eux de petites tailles; d'autre part, l'envergure a plus souvent chez eux des dimensions inférieures relativement à la taille ; ces deux facteurs s'ajoutent donc. Et, de fait, en additionnant le coefficient de l'envergure dans le dernier tableau et celui de la taille donné dans le premier, on retrouve à bien peu près son coefficient primitif :

$$9 + 20{,}5 = 29{,}5 \text{ au lieu de } 30{,}5.$$

Mais, quoi qu'il en soit, ce qu'il importe surtout de remarquer, c'est qu'ici une grande envergure relativement à la taille paraît plutôt un signe de supériorité, contrairement aux idées admises. Et cette observation va surtout contre les théories qui tendraient à faire de l'idiotie ou de l'imbécillité un retour aux caractères ataviques, tandis que l'arrêt de développement qui la caractérise paraît essentiel, comme le prouverait aussi bien au reste l'imperfectibilité des sujets qui en sont atteints.

Enfin, déjà, la petitesse de la tête paraissait avoir d'après notre premier tableau une influence prédominante. Elle retrouve encore ici cette première place. Les dimensions de la tête semblent donc, des six mensurations que nous avons étudiées, celles dont le développement paraît le plus en relation, ainsi qu'on pouvait peut-être d'ailleurs s'y attendre *a priori*, avec les différentes capacités intellectuelles des sujets.

CONCLUSIONS

En laissant de côté les quelques conclusions particulières indiquées déjà au cours de cette thèse et relatives tant à la marche générale de l'accroissement qu'à l'équilibre que présentent entre elles les diverses mesures étudiées, — il semble donc qu'on puisse admettre qu'il y a une corrélation entre le développement physique et la capacité intellectuelle.

Deux ordres de faits appuient cette proposition :

C'est, d'une part, la moindre valeur de nos chiffres comparée à ceux d'enfants normaux donnés par les auteurs ;

c'est, d'autre part, et plus nettement encore, le fait de rencontrer un tant pour cent particulièrement élevé de sujets peu développés au point de vue physique parmi les idiots ou imbéciles, tandis que la plupart des débiles présentent un ensemble de mesures se rapprochant davantage de ce qu'elles sont chez des sujets normaux.

En outre, c'est avec un arrêt total du développement et une diminution du pouvoir d'accroissement dans ses périodes les plus actives, que la corrélation est la plus précise, — et, si l'on considère les mesures isolément, avec le degré de développement de la tête.

Mais on reste en présence encore d'un autre ordre de faits qui est le suivant : si la plupart des idiots ou des imbéciles ont un développement physique inférieur à celui des débiles, cependant quelques-uns offrent un développement égal ou même supérieur, et certains débiles n'ont aussi qu'un développement physique relativement imparfait. Il y a donc, parmi les uns et les autres, deux types : chez quelques-uns le pouvoir de croissance est seul demeuré intact ou au contraire a été seul atteint, — et il resterait à chercher la raison de telles exceptions ; mais pour les plus nombreux la corrélation admise est légitime : intelligence et organisme offrent des valeurs égales.

Quant à la raison même de cette corrélation, ce ne sont pas les statistiques précédentes qui peuvent la fournir. Mais il me semble qu'on peut en proposer trois hypothèses :

1° Le parallélisme rencontré entre l'intelligence et le développement physique résulterait d'un rapport de cause à effet entre l'un et l'autre : d'autres recherches commencées dans le même ordre d'idées, mais non encore tout à fait terminées, m'ont montré en effet, d'une part, que les circonférences du poignet et de l'avant-bras sont généralement inférieures chez les idiots et les imbéciles à ce qu'elles sont chez les débiles ; d'autre part, l'examen de pressions successives au dynamomètre fait ressortir ce fait que 75 pour 100 des idiots ou imbéciles, soit une énorme proportion, n'ont qu'une puissance musculaire particulièrement infime : or, pour cette dernière épreuve, deux facteurs entrent évidemment en ligne de compte : le volume des muscles sans doute, mais aussi un élément complexe de nature cérébrale : adresse moindre d'où manque d'adaptation rapide à l'appareil, effort volontaire plus faible, émulation moins active, etc. Eh bien, ne serait-ce pas aussi au défaut d'énergie ainsi décelée et à la défectuosité de l'impulsion motrice cérébrale que serait due chez ces sujets l'infériorité du développement musculaire, la fonction faisant l'organe ? Et, plus généralement encore, si le développement physique de l'idiot est particulièrement faible, n'est-ce pas la conséquence de son état psychique, qui gêne et diminue l'exercice général de son organisme ? Les animaux élevés dans les laboratoires, même convenablement nourris et soignés, restent longtemps petits et en retard sur ceux qui vivent librement au dehors, sans doute par le même fait que dans un milieu étroit et borné ils ne rencontrent pas les conditions d'activité pleinement nécessaires à leur développement. N'en serait-il pas de même des idiots et imbéciles, fermés aux excitations du dehors, privés de vie de relation et comme emmurés en eux-mêmes ? — Si séduisante cependant qu'apparaisse cette tentative d'explication, viennent contre elle directement les cas où l'on rencontre un développement physique suffisant malgré des conditions mentales défectueuses, et il semble bien que ceci doive suffire, sinon à lui nier absolument toute influence, du moins à l'écarter d'une manière générale.

2° Une seconde hypothèse consisterait à attribuer comme cause à l'arrêt de développement mental comme à l'absence de développement physique un même ordre de lésions cérébrales, distinctes cependant par leurs localisations : la fréquence de lésions cérébrales à l'origine de l'idiotie n'est plus à démontrer ; l'influence des lésions cérébrales sur le développement du corps est bien mise en évidence par les troubles trophiques qui accompagnent l'hémiplégie cérébrale infantile ; centres intellectuels ou centres trophiques cérébraux pourraient donc être frappés indépendamment l'un de l'autre ou au contraire plus souvent d'une manière simultanée. Ne conviendrait-il pas d'analyser dans ce sens les altérations trouvées à l'autopsie d'enfants idiots, en vue de rechercher s'il n'existe pas un rapport entre leur nature ou leur localisation et le degré de développement physique des sujets qui les présentent ?

3° Enfin j'inclinerais à penser que cette corrélation peut être également sous la dépendance d'une origine commune aux deux choses, et telle, que débilité et faiblesse d'esprit ne seraient le plus souvent que la manifestation d'un désordre plus général et frappant tout à la fois les centres psychiques et tout l'organisme, comme feraient par exemple des altérations de la physiologie cellulaire du fait de l'alcoolisme et de l'hérédité. N'en a-t-on pas d'ailleurs un exemple dans l'idiotie myxœdémateuse où l'intoxication altère également les fonctions intellectuelles et celles qui président au développement physique. — Au contraire, à l'état normal, constitution robuste et mentalité saine ne représenteraient que deux aspects d'une même activité physiologique générale, et deux formes équivalentes d'une même individualité.

CHARTRES. — IMPRIMERIE DURAND, RUE FULBERT.

www.ingramcontent.com/pod-product-compliance
Ingram Content Group UK Ltd.
Pitfield, Milton Keynes, MK11 3LW, UK
UKHW020344250726
13967UKWH00005B/2111